高等院校纺织服装类"十三五"规划教材

总主编 张祖芳

服装创意设计

FASHION CREATIVITY DESIGN

主 编 王莉诗 张文辉

副主编 彭 迪 李 鑫
田 慧

U0271070

中国海洋大学出版社

·青岛·

图书在版编目（CIP）数据

服装创意设计 / 王莉诗，张文辉主编. — 青岛：中国
海洋大学出版社，2020.3
ISBN 978-7-5670-2105-1

Ⅰ．① 服… Ⅱ．① 王… ② 张… Ⅲ．① 服装设计－高
等学校－教材 Ⅳ．① TS941.2

中国版本图书馆 CIP 数据核字（2020）第 014337 号

出版发行	中国海洋大学出版社		
社　　址	青岛市香港东路 23 号	邮政编码	266071
出 版 人	杨立敏		
策 划 人	王　炬		
网　　址	http://pub.ouc.edu.cn		
电子信箱	tushubianjibu@126.com		
订购电话	021-51085016		
责任编辑	由元春	电　话	0532-85902495
印　　制	上海万卷印刷股份有限公司		
版　　次	2020 年 8 月第 1 版		
印　　次	2020 年 8 月第 1 次印刷		
成品尺寸	210 mm×270 mm		
印　　张	10.5		
字　　数	254 千		
印　　数	1～4000		
定　　价	69.00 元		

前　言

　　服装创意设计是服装设计专业的一门必修课程，也是进入专题服装设计的必备基础。此课程的教学目的，一方面是使服装设计初学者了解和掌握创意服装设计的一般过程，另一方面是对读者的创新思维的开发，突出对服装领域创造性人才的培养。

　　本书总结了作者多年的教学和实践经验，以创意服装设计概述、创意服装设计的创作方法、创意服装设计流程三章，对创意服装设计的各个不同方面进行了系统的论述，不仅向读者提供了从事创意服装设计需要的各种基本知识，展示了创意服装设计的设计流程——如何从灵感到实物的演变过程，而且将一种富有创造意识的教学理念贯穿全书。

　　本书配有大量最新的彩色图例对理论知识进行阐释，以加深读者对教学内容及设计方法的理解，通过视觉的冲击力使内容直观而形象地展现在读者面前，更易领会和掌握；精选的世界著名设计师、新锐设计师的服装作品和部分国内外教师、学生的优秀作品，极大地充实了本书的内容，吸引学生眼球，提高学生学习兴趣，使其更具实用价值；同时，实际的案例分析向读者介绍了从概念到实物的过程中所用的技能和策略，具有很好的可操作性，这是本书的一大特色。另外，每一章都预备了思考与练习，以方便读者对所学内容吸收、消化，在开阔视野、培养想象力和创造精神等方面进行了启发、引导。

　　本书以严谨的态度，力图完善、系统、科学，既可作为高等院校服装专业的教材，也可作为服装从业人员和服装设计爱好者自学的参考书籍。

　　由于我们水平有限，书中不足之处在所难免，敬请广大读者批评、指正。

王莉诗　张文辉

2019年10月

内容简介

本书由创意服装设计概述、创意服装设计的创作方法、创意服装设计流程、案例分析四章组成。以通俗易懂的语言、丰富的图片资料，将创意服装设计的重点和难点浓缩其中，使学生能够便捷地掌握课程的知识。同时，引用大量完整的创意服装设计案例进行分析，从而更好地使学生拓展设计思维、了解和掌握创意服装设计流程。

参考课时安排　　　　　　　　　　　教学建议课时数：60课时

章　节	教学内容	理论教学	实操训练
第1章 创意服装设计概述	服装设计简述	2	
	服装设计的条件	2	
	创意服装设计的概念	1	
	创意服装的设计特征	2	
	创意服装设计的意义	1	
第2章 创意服装设计的 创作方法	创新能力的训练	2	2
	创意服装设计的思维方式	2	
	创意服装设计的素材来源	2	
	创意服装设计的切入点	2	4
	创意服装设计的方法	2	4
	创意性系列服装设计的规律	2	4
	创意服装设计构思的表达形式	2	
第3章 创意服装设计流程	设计前的准备	2	8
	设计拓展	2	8
	工艺制作与展示	2	
第4章 案例分析		2	

目　录

第1章 创意服装设计概述

第1节 服装设计简述

1.1 服装设计的概念

设计是人类有意识、有目的、有计划地以解决问题为导向的创造性行为，即运用媒介物及表现方式将构想具体呈现出来，其本质就是解决生活中的实际问题并使之审美化，即"发现生活，认识生活，优化生活"。如图1-1所示，坂茂设计的卫生纸是方形的纸卷芯。由于芯是方的，卫生纸也自然卷成了方的，放在纸架上抽取使用时，会费劲地发出"咔啦咔啦"声。而传统的圆筒，

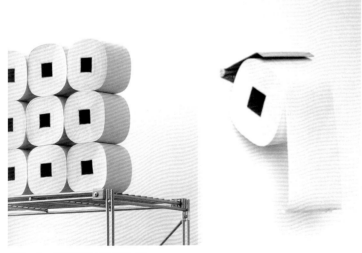

图1-1 坂茂设计的卫生纸

轻轻一拉就可以顺滑地抽出比实际需求量多的纸。方纸由于阻力的作用，起到了一定程度的节约能源的作用。包装上也是如此，圆卷筒间隙较大，方纸卷能紧靠在一起，节省了运输和储存空间。卫生纸的设计方案，能带来这么大的变化，这就告诉我们设计的本质就是解决和优化生活。

服装设计是源于对生活的深层次需求（包括生理需求、心理需求、文化需求和审美需求），并运用一定的思维形式、美学规律和设计程序，将其设计构思以绘画的手段表现出来，并选择适当的材料，采用相应的剪裁方法和缝制工艺，使其设想进一步实物化的过程（图1-2）。

图1-2 设计师Yong Kyun Shin的设计，从画稿到其实物化

1.2 服装设计的内涵

服装设计从狭义上讲，是对于服装廓形、细节、色彩、图案、面料等的设计，从广义上讲更是一种关于生活方式的表达，是一种人群的界定，是一种生活态度的提倡，是一种生活理念的引领。众所周知的Chanel就是一个典型案例。一战爆发后的社会结构出现变革，女性开始慢慢改变其"第二性"的地位，不再是男人的附属品，她们走出家庭从事社会劳动，对此，Chanel意识到了这种变化，大胆地针对当时女性追求自由解放的风潮，突破传统，从男装上取得灵感，为女装添上一点男性味道，一改当年女装过分艳丽的奢靡风尚。她的服饰优雅舒适，主张造型简洁、色彩单纯、素雅，崇尚自由和随意搭配，采用多片剪裁，在保持美妙线条的同时，让女性享受行动的自由，最大限度地舒适放纵。她的这种理念从屡遭批评到受人追捧、引领潮流，Chanel把女性从笨拙的束缚中解放出来，成为现代女性衣着的革命先锋。Chanel之所以被誉为设计大师，不仅仅在于她设计了一些有国际影响的时装，而且她改变了时装设计的游戏规则，把时装设计以男

性的眼光为设计立场改变为女性自己的舒适和美观，主导了20世纪初女性的风格、姿态和生活方式，使服装艺术真正迈入20世纪（图1-3、图1-4）。

图1-3　香奈儿时代来临前的笨重、拖沓的服装

图1-4　香奈儿简约的服装：经典的小黑裙、针织衫、海军服

20世纪末期，面对高速的生活节奏、资源的不断开发，一个引领新的生活方式的品牌诞生——无印良品。顾名思义，无印良品即拒绝贴上一切标签，省去了不必要的设计，去除了一切不必要的加工和颜色，简单到只剩下素材和功能本身，以最天然的面料还原了商品价值的真实意义。与其说无印良品是一个品牌，不如说它是一种生活哲学。它不强调所谓的流行，而是以平实的价格还原了商品价值的真实意义，并在似有若无的设计中，将产品升华至文化层面——提倡简约、自然、环保、富有质感的慢生活的现代生活理念哲学。它告诉人们：简单并不等于无要求，朴素也可以很优雅。无印良品靠着其物化简朴及凸显商品本质的手法，追求低调，反而成为闻名世界的"NO BRAND"（无品牌），环保主义者和一群追求自然生态、优质生活的都市人群成为它忠实的粉丝（图1-5）。

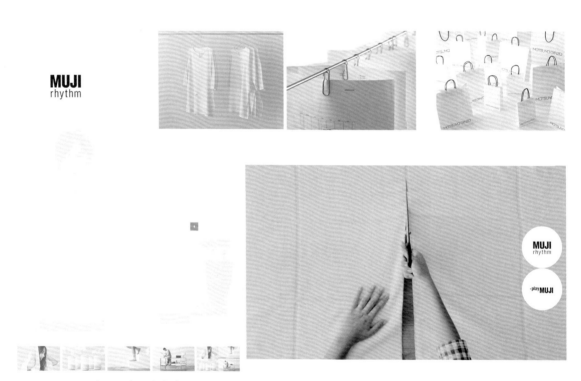

图1-5　MUJI（无印良品）主张运用纯天然面料，并完全地展现面料的本质属性，不进行二次改造

新锐设计师Iris Van Herpen致力于研究人类未来的着装状态和生活方式。她认为时装是展示和穿着的艺术，绝不仅仅是功能性的或空虚的商业化工具，而是可以为这个世界增加价值，是可以超越时间的，它需要以新的形式呈现在世人面前。她将形式、结构和材料用一种新的方式组织起来，其设计大量采用高科技元素，以最新的摄影和"3D激光烧结"印刻工艺形成三维立体效果，打造出拥抱科技、极具未来感的服装（图1-6）。

因此，服装设计是一种文化，是引领人们生活方式的理念。而设计师们只有将自身的设计上升到文化的层面，其设计作品才会拥有长久的艺术价值。

图1-6　*Iris Van Herpen利用3D打印技术探索人类与自然的关系，设计出具有未来感的概念服装*

1.3 服装设计的特性

　　服装设计作为造型艺术的一个门类，在总体原则上，具有一般实用艺术的共性，但在内容与形式以及表达手法上，又有其自身的特性。它是艺术与技术、美学与科学的结合，既有形象的艺术思维，又有技术的逻辑思维。因此，必须了解和掌握服装设计的特性，在实践中运用这些特性。

1.3.1 服装设计与人体

　　服装被誉为人体的第二层皮肤，从服装的穿着感觉来讲，有紧身、合体、宽松的形态，它们和人体贴合的紧密程度各不相同，由此可派生出形式各异的服装造型。服装是以人体为基础进行造型的，服装设计要依赖人体穿着和展示才能得以完成。因此，服装设计必须以人体为依据，并受到人体结构的制约。不同地区、不同年龄、不同性别的人的体态骨骼不尽相同，服装在人体运动状态和静止状态中的形态也有所区别，只有深切地观察、分析、了解人体的结构以及人体在运动中的特征，才能利用各种艺术和技术手段使服装的美得到充分的发挥。

因此，服装设计在满足实用功能的基础上应密切结合人体的形态特征，利用外形设计和内在结构的设计强调人体的优美造型，扬长避短，充分体现人体美，展示服装与人体完美结合的整体魅力（图1-7）。

图1-7　服装设计与人体

1.3.2 服装设计的综合性

服装是一门涉及领域极为广泛的边缘学科，和文学、艺术、历史、哲学、宗教、美学、心理学以及人体工学等社会科学和自然科学密切相关。它作为一种综合性的艺术，体现了材质、款式、色彩、工艺等多方面的美感，也体现了艺术与技术的整体美学结构。服饰材料的质感肌理和纹样色彩，服装款式的形态特点和造型美感，都能表达出各种服装的实用功能和装饰个性，而服装制作技艺则是使这种实用功能和装饰个性得以完美显现的至关重要的手段。艺术与技术两者的协调统一，就能使服装充分展示出材料、造型、技巧等多方面的美感，从而使服装在其内涵气质与外观风貌上具有其特有的艺术形象感和美学意趣。

因此，作为一名优秀的服装设计师，既要了解和及时关注服装文化内涵的体现、服装流行趋势的预测、人们衣着心理的把握、市场消费动态的变化等相关知识，又要对自己的竞争对手的实力了如指掌，还要有能力和实力组织生产，实现自己的设计意图。

1.3.3 服装设计的民族文化性

在很长的历史时期内，世界上不同国家、地区和民族的人们，由于各自的社会历史，生态习性和文化背景的熏陶与影响，形成了各具特色的服装形式和服饰艺术，也形成了不尽相同的衣着审美观念。服装设计的民族文化性，就是指在设计中突出不同民族衣着文化的习惯和传统，使服装体现出各自的民族心态与审美观念。

然而，民族文化有继承性，也有演变性，这种演变性是受社会文化思潮和人们审美意识所制约的。现代服装设计中的民族性，其根本要求应该是更深刻地反映其民族文化的精髓，表达出人们心底的情感和愿望，体现时代脉搏的跳动，以满足人们的审美需求。民族文化也混合着高雅和低俗、活泼和呆板，设计师在继承和发展传统文化时，要去其糟粕，取其精华，既不能生搬硬套地复古，更不能盲目效仿西方，而应以传统文化为根基，继承民族服装中合乎现代生活需要的相关因素，将民族风格与时代精神有机地融为一体，用新的内容突破原有的形式，以新的情感注入新的造型，丰富和弘扬民族文化的内涵（图1-8、图1-9）。

图1-8 民族文化性——亚洲的日本民族文化的传承

图1-9 民族文化性——从非洲的服饰文化中寻找灵感

1.3.4 服装设计的艺术性和实用性

就服装设计的本质功能来讲，它是在满足人们物质需求的同时满足其精神需求，服装的这种特征通常被称为服装的实用性和艺术性（图1-10、图1-11）。在服装文化发展的整体中，实用性服装和艺术性服装是其发展过程中缺一不可的两个方面。所谓实用性是指服装能保护身体、满足工作及生活需要，适应各种礼仪、季节的性质，也即服装的功能性和可穿性，主要涉及技术性和商业性，如服装材料是否贵重，加工技术是否精良，在市场上是否好卖等。而所谓艺术性是指服装在满足了功能性和可穿性这一前提之后的美观问题。实用性服装是以满足人们的物质需求为主要目的，以生活和市场深层次的需求为主导，是服装文化发展的基础和根本；艺术性服装则是不断地开拓和创新，推动服装的流行浪潮，引导市场的消费导向，弘扬和传播服装文化，为实用性服装寻找新的设计方向。我们经常看到的时装发布会中极具创意性和审美性的艺术性服装既显示了设计师的创造才华，扩大和提升了品牌的影响力和知名度，同时又带动和促进了实用性服装产品的销售，满足了目标需求，产生了巨大的经济效益，反过来，这些效益又为更新更多的艺术性服装的产生提供了雄厚的经济基础。因而，服装的艺术性和实用性是一种相互依赖、螺旋形上升的关系。

图1-10　艺术性服装

图1-11　实用性服装

第 2 节　服装设计的条件

在进行实际的服装设计时，应该对服装穿着者主观和客观方面有个基本了解，使设计有很强的针对性，提高设计的成功概率。这些条件通常包括以下五个方面。

2.1 对象

在设计之前首先要了解穿着的对象，考虑其需求。因为个人的性别、年龄、经济收入、职业、文化程度、社会地位、生活习惯等不同，他们对服装的需求也不一样。另外，还要了解穿着对象的体型、肤色、兴趣、爱好等，这些都将直接影响他们对服装的喜好（图1-12至图1-14）。

图1-12　年龄18～25岁，叛逆、追求个性张扬的朋克风格少女，黑色的紧身裤、满带窟窿和画满骷髅的紧身衣服、松松垮垮的外套、机车皮夹克等都是她们的首选，在妆容配饰上也是大大的烟熏妆、暗色调的口红、文身、穿鼻钉、舌钉、配铆钉皮带等，充满野性，彰显个性

图1-13　30~55岁的白领女性，着装上选择款式简洁大方的服装，绚烂的印花，端庄而不失活力，优雅而高贵

图1-14　18~25岁的男生追求时尚，所以在服装的选择上渴望彰显个性，随性布局；而30~55岁的男士，事业有所成就，无论气质还是着装上都更多了一份成熟稳重，大气内敛

2.2 时间

服装的时间性主要表现在两个方面，一是时令季节，即春、夏、秋、冬，在明显的季节变化时，人们选择不同的面料、款式、色彩（图1-15至图1-18）；二是具体时刻，即一天之中，从早到晚的服装的更替，有居家服、上班装、晚礼服、睡衣等。当然，伴随着社会的发展与科技的进步，季节性变得模糊，空调的出现，让人们可以在室内穿上任何自己喜爱的服装，例如冬天人们在室内可以脱下厚重的棉衣，穿上轻薄的衣衫。

同时，服装行业是一个不断追求时尚和流行的行业，服装设计应具有超前的时间意识，把握流行的趋势，引导人们的消费动向。

图1-15 春装

图1-16 夏装

图1-17　秋装

图1-18　冬装

2.3 场合

　　什么场合穿，是服装设计必须考虑的因素。这种因素包括两个方面，一是自然环境，二是社会环境。自然环境指居住地域的不同，如寒带、温带、热带，亚洲、欧洲等，每个地区都有其独特的风土人情和风俗习惯，所产生的穿着方式也各不相同；社会环境是指在人类社会生活中也有不同场合的约束，服装设计要考虑到不同场所中人们着装的需求与爱好以及一定场合中礼仪和习俗的要求。例如：上班、社交、休闲、运动时所穿的服装是迥然不同的（图1-19至图1-21）。

图1-19　在水天一
色的湛蓝海滨沙滩
上，人们会选择清
凉的泳装，演绎性
感夏日风情

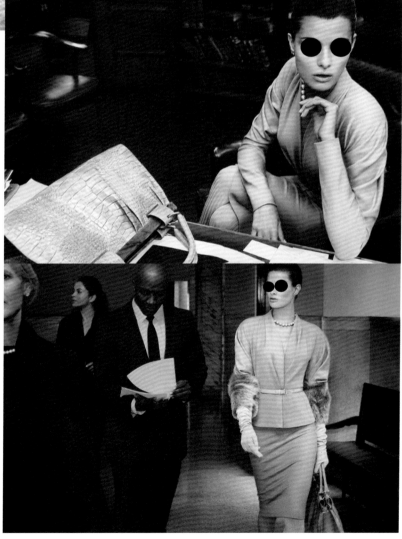

图1-20　在办公室中处理
公务、出席会议议程的女
强人，着装简洁干练而精
致，通常为职业装

图1-21　运动场上或健身会所里，剧烈的运动，大量的汗水，需要穿着透气的棉质运动服

2.4 目的

服装从产生的时候就有许多目的，如人体保护、气候适应、遮羞装饰等生理需求。随着时代的发展，人们对服装的需求越来越多，比如个人的个性需求、审美需求和社会需求。人们通过服装显示个性与风采，吸引他人目光；也通过服装来显示教养和身份、礼仪与威仪等。目的不同，穿着自然也就不一样。

2.5 成本

美的服装不单纯是可鉴赏的艺术品，它还是一种具有实用价值的商品。目前很多品牌公司都面临着严重的财政问题，设计师不能一味地追求奢靡无度、不惜代价的华服，而要向实用性靠拢；但也不能为了降低成本，粗制滥造。因此，在进行服装设计时，不仅要追求奢华，更要学会去控制成本，使服装在求新、求美、求舒适的同时，也求得较好的经济成本（图1-22、图1-23）。

图1-22　昂贵的高级时装

图1-23　批量化大生产的成衣

第3节　创意服装设计的概念

　　创意，一个灵性的词汇，是传统的叛逆，是打破常规的哲学，是破旧立新的创造与毁灭的循环，是思维碰撞、智慧对接，是具有新颖性和创意性的想法，不同于寻常的解决方法。

　　服装设计是一种创意性的艺术活动。可以说，服装设计（艺术性服装设计和实用性服装设计）都具有创意。但此书中，我们所说的创意服装设计特指艺术性服装设计。创意服装设计就是设计师根据自己的素养，综合分析政治、经济、文化、消费者、人体工程学、技术材料等因素，挣脱传统观念的束缚，发挥其独特的思维想象和创造力，设计出时尚化、个性化、情感化、艺术化、审美高的服装（图1-24、图1-25）。

图1-24 *Maison Margiela*左右两款服装为同一
件衣服，当闪光灯照射在左款服装上会形成右
款服装的效果。设计师利用特殊面料，突破常
规、跳出传统的藩篱，设计出夸张、抢眼的几何
及不规则造型，就像开启了一段充满想象力的未
来主义探索之旅

图1-25　Thom Browne 2019春夏女装系列以设计师的奇思妙想展开，展现了一系列狂野迷人和荒诞的航海风格，仿佛从童话世界走出。设计融合了鲸鱼与船锚等图案，面料和设计以看似不经意的方式重新拼接，达到迷人的时装效果，模特的面罩也起到了画龙点睛的作用

第4节　创意服装的设计特征

创意服装一般具有对象性、原创性、审美性和导向性四个特征。

4.1 对象性

创意服装设计是以夸张的形式和戏剧化的形象表现并传达设计师的理念，但无法服务于现实生活中的人。这导致很多人在理解上陷入了一个误区：创意服装设计不需要考虑设计的对象。但其实不然，创意服装设计和实用服装设计一样，都是以人为本，以满足人类的需求为目的。服装的创意最终需要得到社会上的消费者群体的认可，因此在创意过程中要紧密联系社会，站在消费者立场上选择创新，设计出超前的创意作品，引领该类人群的着装方向，使人类紧凑的生活得到舒缓，增添生活以及工作的乐趣，满足人类对美的更高追求。

4.2 原创性

创意服装设计作为一项带有浓郁艺术性的工作，讲究原创性是其基本要求，这也是体现其价值的根本因素。

服装作品中的创新内容较为宽泛。既包括造型中的新形态、新结构，穿着形式中的新搭配、新方法，材料中的新处理、新组合，色彩中的新效果、新变化等可以直观感受的外在内容，也包含运用已存在的构成形式，但是其立意新颖的新思想、新观念、新主张和新思路。

当然，我们应该认识到，所谓的"新"，并不仅仅只是从零开始，完全地创造出一个未知的、崭新的事物。同时也是以新的方式、新的设计手法来重新演绎和诠释已存在的、完全成熟的"老事物"，即增加性。从旧服装中受到启迪，以不同的角度和非常规的思路，构思设计而产生新生的服装，就是由"旧"向"新"的转化。被誉为天才的时装设计师约翰·加里阿诺（John Galliano）就经常从历史服装中借取灵感，以他超凡的敏锐将古代素材和当今技术与材料融合，组成全新的风貌，其设计影响着世界潮流，被称为当今最具原创力的设计师（图1-26）。

4.3 审美性

创意服装的审美性，是指服装作品中所包含的可欣赏性、艺术性因素。

创意服装与国际流行趋势、文化倾向和艺术流派有着较为密切的联系，且常常预示着服装流行的主体方向，创意服装的这种特征决定了其设计的超前性和时尚性。因而，创意服装的造型往

图1-26 原创的"新"与"旧"。John Galliano 2006高级定制服打造的
中古世纪女战士。诡异的超大型红黑相间立体剪裁定制礼服,繁复折叠如
塑料垃圾袋般矛盾而新鲜,更带有浓厚的哥特气质

往带有较强的艺术审美价值和艺术感召力。这一方面需要设计师运用合理的表现形式去构建作品
的情境或者趣味,以达到吸引和感染观众的目的;另一方面又要求设计师需要站在更高的层面,
与普通欣赏者的审美经验拉开距离,去表达自己独特的审美理想,唤起和提升普通欣赏者的审美
欲求和审美层次(图1-27至图1-29)。

图1-27 Dior Haute Couture F/W 2005，以"宗教"为灵感，提取其符号。轻透飘逸的材质，捕梦的立体翅膀，头上那顶神圣的放射金冠，神圣唯美，宛若坠落凡间的仙子

图1-28 Comme des Garçons（川久保玲）的设计作品打破的不仅仅是服装的形制，更是对服装创作目标的理解，挑战着人们的审美

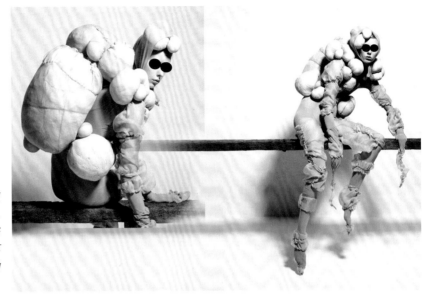

图1-29　设计师以脓包为灵感，虽然脓包看起来丑陋令人害怕，但是设计师想要以此来呼吁大众对皮肤健康和生态环境的重视，是其对美深层次的理解

4.4 导向性

创意服装常常代表着某一时段内服装文化潮流和服装造型的整体倾向，预示着更新的服装流行趋势。这些设计作品，不仅能充分表达出设计师的审美意识，在审美情趣上为人们带来艺术享受，还能在着装观念上给予人们新的启示，在生活方式上为人们提供新的选择，起到一种引导国际服装市场和人们的穿着方式的作用，因此具有导向性（图1-30）。

图1-30　左：Jean Paul Gaultier　右：Giambattista Valli　夸张的肩部造型成为风靡一时的潮流趋势

第5节　创意服装设计的意义

创意服装的目的常常是追求一种新的服装形式和新的着装观念的出现。一件好的创意服装，从使用功能上看，虽然不能直接服务于日常的现实生活，但能让人们在欣赏的过程中，接收到许多新观念、新思想和新形式。这些信息，既可以起到更新人们的审美观念、提高审美能力的作用，同时，这些作品一旦获得社会、观众的普遍接受，就会产生新的流行内容，带动和促进商业化服装产品的销售，从而获得可观的社会效益和经济效益，为促进市场化的服装产品设计的新陈代谢带来好处。

思 考 题

1. 请列举其他传递生活方式的设计师，并阐述其设计理念。

2. 如何理解服装的艺术性和实用性？

3. 创意与设计关系如何？

4. 创意服装的意义是什么？

5. 创意服装的引导性在市场中如何体现？举例说明。

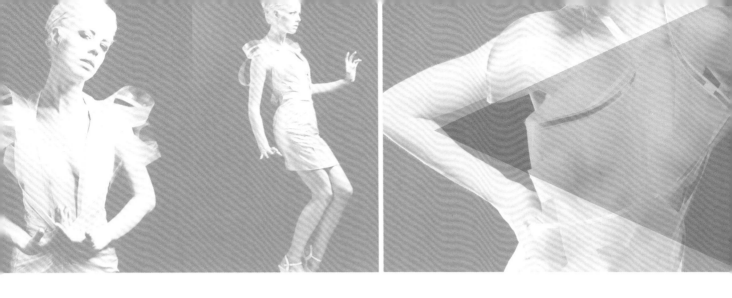

第2章　创意服装设计的创作方法

第1节　创新能力的训练

1.1 知识积累

知识积累是创造力所需材料的积累过程。掌握丰富的知识，有助于想象力的开展。

服装设计是一门综合性的边缘学科，涉及政治学、美学、文化学、心理学、材料学、人体工程学、市场学、服装史、色彩学等多方面的知识。这些知识都与设计师的作品一脉相承，反映设计师的文化修养层次。这就要求设计师们不断学习，拓宽知识面，深入文化层。这些知识包括了本专业知识的积累、其他学科专业知识的积累和实践经验的积累，也包括了平时思想方式、用脑习惯、思维方式的积累。将这些平日积累的过程经过梳理、提炼和升华，转化形成创意。

专业知识的积累可以来源于很多方面，例如去书店或图书馆翻阅书籍，用笔记本记下能够开拓思维的内容；去美术馆或展览馆欣赏艺术佳作，拍下所感兴趣的作品照片；上网搜集有关作品的信息；去观赏一部有意义的电影，学习电影中的艺术手法；去购物中心认识更多的品牌，观察品牌的风格、陈列和购买人群等。

1.2 观察力训练

观察力（observational ability）是一种受思维影响的，有意识、有目的、有组织的知觉能力。它不只是单纯知觉问题，而是包含着理解、思考，是有目的、有计划的知觉。

创意源于生活，其目的是更好地服务于生活。观察是一种敏锐的"直觉"，是把握现实生活中微妙一刻的能力，是人们认识客观世界的基础，是人们积累知识、获取灵感的一个重要途径。观察在设计中作为一种认识方法，由于它所获得的知觉映象比一般知觉的映象更鲜明、更细致、更完整，具有极其重要的意义，是调查研究所必需的，也是直接认识事物和获得有价值的第一手材料所必需的。

在观察力训练中，首先需要激发观察的兴趣，即求知求新的欲望。然后明确观察目的，有意识、有目的地选择并观察事物。观察时应注意观察步骤，由整体—局部—细节，细节—局部—整体，进行有层次、有顺序、有计划的系统观察，抓住事物的本质和特点，寻找这一事物与其他事物间的联系和区别。

当你面对一件服装作品时，应该首先看出设计师想要传达的理念，然后观察服装的廓形、面料、色彩、结构有何特别之处，服装的细节是运用怎样的手法表达的。最后通过这些观察看出设计师是否清晰地演绎出了自己想要传达的理念。

1.3 想象力训练

现代科学巨匠爱因斯坦曾说："想象力比知识更重要，因为知识是有限的，而想象力概括世界上的一切，推动着进步，并且是知识进化的源泉。"想象力是创造力中最直接、最丰富的动力和源泉，具有生命活力、能动性和创造性的心理功能，是人脑对记忆中的符号进行系列加工而创造新形象、新事物的过程。

服装的创意需要想象。没有想象力，就不会产生丰富的激情，更不可能创造出丰富的服装结构与造型。服装设计的想象力是不受客观物质形态的限制，不受时空束缚的、极度自由的、富于激情与情感的思维形式。在服装的创意过程中，以服从于创作的动机和需要为前提，想象力可以由外界刺激、内心感受引起，也可以由自己选择的方式产生。

想象力的训练过程从模仿开始。模仿本身就是一种"再造想象"，模仿的过程就是抓住事物特点和事物之间联系的过程。把握模仿，会自觉地把一种事物和过去经历的与之有联系特征的另一种事物联系起来，加之对比，这种再现过程就是想象的激发过程。

头脑风暴训练法是一种有效的激发想象力的方法，关于头脑风暴的训练有很多种类，下面介绍一种常用的头脑风暴的训练形式：

（1）3~5个同学为一个小组，选择一个话题或一种事物，将选择出来的话题或事物的名称记录在一块大纸板上，这个就是头脑风暴的题目。通过确定的题目制定目标，也就是说你们希望用这个题目来做什么。

（2）每个人说出至少5个关于所选题目的关键词，只要是题目能让你联想到的关键词都可以，并将这些关键词依次记录下来。

（3）根据记录下来的关键词找出对应的照片，将照片贴在纸板上。

（4）以纸板上的信息展开讨论，说出自己此时对题目有何新的看法。

（5）记录下最后的结果，整理出有创意的想法供后续工作的开展，这些就是头脑风暴训练的最终意义。

第2节　创意服装设计的思维方式

设计思维是指构思的方式，是设计的突破口。服装作为艺术与技术相结合的产物，仅仅运用常规的思维方式是不够的，要善于运用多方位思维方式，不拘泥于一个方向和一种模式，而是各种思维形式交叉发挥功能，并协同产生前所未有的独特思维成果的综合性思维。服装设计中经常运用的设计思维有以下几种。

2.1 辐射思维

辐射思维是以一个问题为中心向外辐射发散，产生多方向、多角度的捕捉创作灵感的触角。我们如果把人的大脑比喻为一棵大树，人的思维、感受、想象等活动促使"树枝"衍生，"树枝"越多，与其他"树枝"接触的机会越多，产生的交叉点（突触）也就越多，并继续衍生新的"树枝"，结成新的突触，每一个突触都可以产生变化，新的想法也就层出不穷。当设计师在接受某一设计任务时，会从目的、要求出发，进行多维想象，层层深入分析，找到问题的焦点，找出解决问题的方法。它并不试图找到标准答案，而是倾向于思维的联系，尽力发散出越多越好的有效方法。

这种思维形式不受常规思维定式的局限，综合创作的主题、内容、对象等多方面的因素，以此作为思维空间中一个个中心点，向外发散吸收诸如艺术风格、民族习俗、社会潮流等一切可能借鉴吸收的要素，将其综合在自己的视觉艺术思维中。因此，辐射思维法作为推动视觉艺术思维向深度和广度发展的动力，是视觉艺术思维的重要形式之一。对于艺术的思维形式来说，这种思维方法的训练，有利于我们在现代艺术创作中充分开发艺术潜力，提高视觉艺术思维的效率和创作能力（图2-1、图2-2）。

图2-1 设计师以天空中极光千变万化的颜色为灵感来源，将极光绚丽夺目的颜色运用在服装上，使服装别具一格

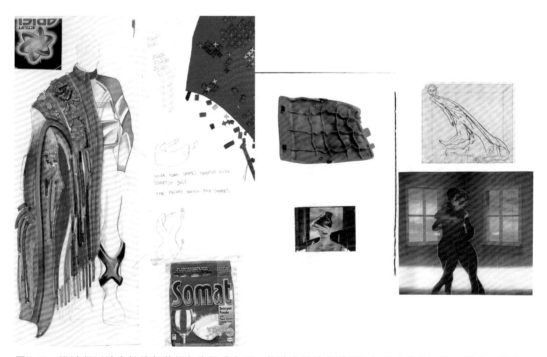

图2-2 设计师以洗衣粉外包装颜色为灵感来源，将洗衣粉外包装颜色与艺术作品元素运用在服装上

2.2 逆向思维

逆向思维模式即从反常规的角度观察问题，求得解决问题的思维方法。它是指设计师在遇到以原有思路无法解决的问题时，抛开以往的思维习惯和模式，主动改变思考角度，从逆向、侧向进行分析推导，从常规中求变异，从相似中寻创见，从反向中觅突破，从而出奇制胜，使问题得到圆满解决。这种思维方式得到了现代艺术家的青睐，典型的例子是从毕加索开始，其作品《亚威农的少女》颠覆传统重塑审美新标准，以心灵感悟取代客观唯美之追求，直到后来的契里科、马格丽特等，一大批艺术家都以这种思维为武器，向传统思维发起挑战，推动了现代艺术的发展（图2-3）。

图2-3 《亚威农的少女》

在服装的创新设计中，将思维不停地从逆和反两个方向上延伸，冲破传统习惯模式的禁锢，用逆向法进行设计构思，从批判否定的角度，打开创造性思维的大门，步入新的创造思维空间，可以产生许多引人入胜、新颖别致的服装款式。以前我们认为鞋子应该穿一双，而今天的年轻人则选择"鸳鸯鞋"来彰显自己的个性潮流；以前我们清晰地区分内衣和外套的穿着方式，而今天"内衣外穿"屡见不鲜，成为潮流。

　　服装设计是一种创造、创新活动，富有创新精神的设计师，为了达到创新目的，可以抛弃各种障碍，包括自己原已掌握和使用的方法。"障碍在于已知"，习惯性思维的消极性就在于思路固定、狭窄，缺乏创新。掌握逆向思维的真谛，就可以突破既成观念，独辟蹊径而获得形式上的独创性。服装设计的逆向思维可以在着装观念、款式构成、材料选择、色彩配置、制作工艺、搭配形式等多个方面展开。如男装女性化、牛仔奢华化、高级时装街头化、内衣外穿等都是逆向思维的结果（图2-4）。

图2-4　颠覆了人们对于传统礼服的认识——昂贵的面料、精致的装饰，取而代之的是被人们丢弃在沙滩上已经失去利用价值的蛏蚌贝壳，将它们层层叠加，打造出一件层次分明的极具时尚感的礼服，让人耳目一新，同时使贝壳再一次展现出其美丽

2.3 无理思维

　　这是一种非理性的、散漫的、随意的、跳跃的、具有游戏性质的思维方式。这种思维方式在设计之初并没有具体的目标和设计方法，而是受到某种事物的启发、刺激而萌生的设计灵感过程。它打破合理的思考角度，选择不合理的角度进行思考，从这些不合理中寻找灵感，整理出较合理的部分开展设计。

无理思维以自由嫁接的态度对待事物，对规律提出质疑，并对合理性进行亵渎，对规则拆解、破坏，反对任何观念、范畴，是一种超然、调侃、黑色幽默的思维。在这一思维的指导下，满是破洞的军装与妖娆的蕾丝花边混合使用，将服装反面的线迹外露出来，用餐桌上的刀叉装饰女性的晚礼服等应运而生。这种思维方式可以充分挖掘现代社会中大众文化追求表层感官满足的特性，将许多设计进行创新组合，通过传统形式美和艳俗内容的结合让设计以妖艳、甜俗的美感来嘲弄往日的审美标准，这种调侃的思维方式带来的设计结果，可以博得社会大众的关注与兴趣（图2-5）。

图2-5 Victor & Rolf设计作品，设计师在完整的裙子上制造夸张的破洞和缺口，体现出一种维纳斯似的残缺美，表达了设计师茫然与困惑的情感

第3节 创意服装设计的素材来源

对于设计师来说，失去灵感素材是致命伤，对素材的把握会让设计事半功倍。无论是偶发型设计还是目标型设计，都需要在设计之前收集相关的设计素材。对于偶发型设计而言，最初的设计冲动可能来自不经意间的发现，或者突然间的想法，然而真正进入设计创作阶段后，仍需要寻找大量有关的设计素材作为补充，才能设计出好作品。对于目标型设计，因为有既定的设计方向，收集与之有关的素材资料更是不可或缺的，这是获得设计构思诱发和启迪的必要手段。

常见的灵感素材来源可以从以下几个方面入手。

3.1 自然生态

自然素材历来是服装设计的一个重要来源。大千世界中，鬼斧神工的大自然给予我们人类太多的东西：雄伟壮丽的山川河流、纤巧美丽的花卉草木、风云变幻的春夏秋冬、凶悍可爱的动物世界，等等。著名法国时装设计师克里斯汀·迪奥（Christian Dior）在1953年推出的郁金香裙是自然素材的典范。大自然的美丽景物与色彩，为我们提供了取之不尽、用之不竭的灵感素材。设计中我们可以从轮廓形状、色彩图案、材料肌理等方面进行创作（图2-6至图2-9）。

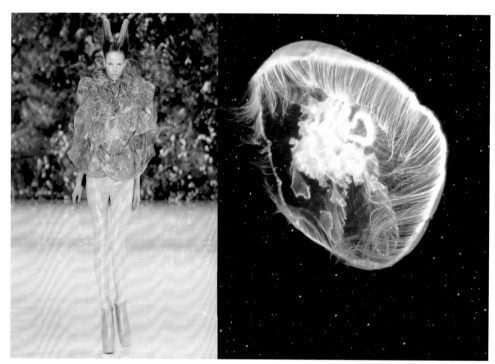

图2-6 自然生态：*Alexander McQueen*从神秘的深海生物中获取灵感创造的高级时装

图2-7 自然生态：*Alexander McQueen 2019年秋冬系列从盛开的蓝色妖姬中获取灵感*

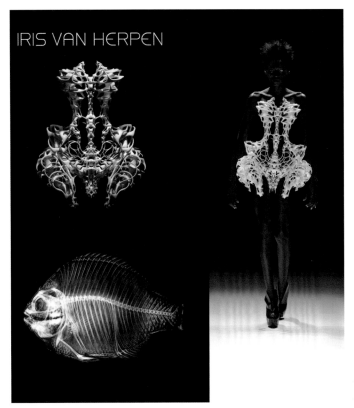

图2-8　自然生态：Iris Van Herpen以生物的骨骼形态和结构为灵感设计的服装

图2-9　自然生态：灵感来源于热带雨林中树叶的造型和排列组合，将激光烧花技术和刺绣运用到透明纱质材料中，富有层次感，更加生动

3.2 历史文化

　　历史文化中有许多值得借鉴的地方：古拙浑朴的秦汉时代、绚丽灿烂的盛世大唐、清秀雅趣的宋朝明代、古老神秘的埃及文明、充满人文关怀的文艺复兴时期、华丽纤巧的洛可可风格，等等。从前人积累的文化遗产和审美趣味中，可以提取精华，使之变成符合现代审美要求的原始素材，这种方法在成功的设计中不胜枚举（图2-10、图2-11）。

图2-10　历史文化：灵感来源于中古时期的教皇的服饰，华丽的刺绣、厚重的丝绸和华贵的织锦成为设计师们的钟爱

图2-11　历史文化：Maison Margiela品牌设计巧妙地将日本传统民族服饰款式局部细节抽离，与现代时尚审美相融合，运用解构设计手法演绎大和民族服饰新风貌

3.3 民俗文化

　　民俗文化是现代服装设计中的灵魂文化，是服装设计的灵魂和激情的源泉。世界上每一个民族，都有着各自不同的文化背景与民族文化，无论是服装样式、宗教观念、审美观念、文化艺术、风俗习惯等均有本民族不同的个性。这些具有代表性的民族特征，都可成为设计师的创作灵感，摄取这些民俗文化的精髓，继承、改良、发展并赋予它新的形式，强调民族的内涵、灵魂。例如，中国传统服饰艺术中特有的吉祥图案、瓷器、脸谱、剪纸艺术等都被广泛运用到设计中，这些灵感的钥匙需要我们不断挖掘（图2-12至图2-14）。

图2-12　民俗文化：Mary Katrantzou 将中国传统的珐琅瓷花瓶运用于设计中，将服装变成一件精美的艺术品

图2-13　民俗文化：伦敦学院学生 Nova Chiu 以中国少数民族传统服饰文化为灵感设计了一系列色彩鲜艳、带有浓郁民族风味的毕业作品

图2-14 民俗文化：Yiqing Yin
将中国传统剪纸艺术与服装款
式结合在一起，传统又不失时
尚的韵味

3.4 文化艺术

　　各艺术之间有很多触类旁通之处，与音乐、舞蹈、电影、绘画、文学艺术一样，服装也是一种艺术形式。各类文化艺术的素材都会给服装带来新的表现形式，它们在文化艺术的大家庭里是共同发展的。因此，设计师在设计时装时不可避免地会与其他的艺术形式融会贯通，从音乐舞蹈到电影艺术，从绘画艺术到建筑艺术，从新古典主义到浪漫主义，从立体主义到超现实主义，从达达主义到波普艺术等艺术流派，这些风格迥异的艺术形式，都会给设计师带来无穷的设计灵感（图2-15至图2-18）。

图2-15　文化艺术：郭培在2018秋冬巴黎高级定制时装周上的作品，带有哥特建筑轮廓和风格的题材，用面料解构空间，挣脱时间与空间的束缚，表达出哥特时期的精神面貌

图2-16　文化艺术：设计师Viktor & Rolf的主题作品Wearable Art把17世纪荷兰黄金时期几位画家的经典画作与超现实的时装相互融合，运用舒适柔软性织物、画框角的框架及棱边，创造出可穿戴式画框高定时装

图2-17 文化艺术：设计灵感来源于电影《了不起的盖茨比》

图2-18 文化艺术：Comme des Garcons从街头日本二次元漫画作品中获取灵感创作的服装

3.5 社会动向

服装是社会生活的一面镜子，它的设计及其风貌反映了一定历史时期的社会文化动态。人生活在现实社会环境之中，每一次的社会变化、社会变革都会给人们留下深刻的印象。社会文化新思潮、社会运动新动向、体育运动、流行新时尚及大型节日、庆典活动等，都会在不同程度上传递一种时尚信息，影响到各行业以及不同层面的人们，同时为设计师提供着创作的因素，敏感的设计师就会捕捉到这种新思潮、新动向、新观念、新时尚的变化，并推出符合时代运动、时尚流行的服装（图2-19、图2-20）。

图2-19　2012年伦敦奥运会成为时尚界瞩目的焦点，圣马丁学生Luke Brooks将奥运五环作为背景，极具创意和趣味感

图2-20　Viktor & Rolf夸张地拉长了五颜六色的纱裙比例，并将社交媒体上的信息语言"Sorry, I'm late, I didn't want to come"（抱歉来晚了，其实我就没想来的）等作为标语，直白甚至平庸，充满情绪化，与（高定）庄重浪漫、闪闪发光形成有趣的冲突

3.6 科学技术

科学技术的进步，带动了开发新型纺织品材料和加工技术的应用，开阔了设计师的思路，也给服装设计带来了无限的创意空间及全新的设计理念。

科技成果激发设计灵感主要表现在两个方面：其一，利用服装的形式表现科技成果，即以科技成果为题材，反映当代社会的进步。20世纪60年代，人类争夺太空的竞赛刚开始，皮尔·卡丹便不失时机地推出"太空风格"的服装。其二，利用科技成果设计相应的服装，尤其是利用新颖的高科技服装面料和加工技术打开新的设计思路。例如，热胀冷缩的面料一问世，设计者将要重新考虑服装的结构；液体缝纫的发明，令设计者对服装造型想入非非；夜光面料、防紫外线纤维、温控纤维、绿色生态的彩棉布、胜似钢板的屏障薄绸等新产品的问世，都给服装设计师带来了更广阔的设计思路（图2-21至图2-24）。

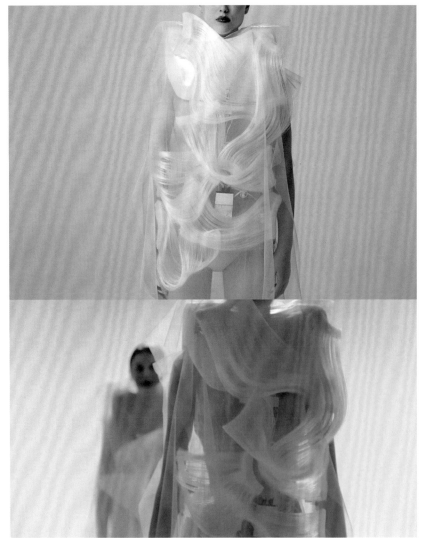

图2-21 设计师高颖设计的互动式服装"*Possible Tomorrows*"（可能的明天）使用指纹识别技术，运用极具灵活性和伸缩性的纱网尼龙和热塑性塑料，在被陌生人触碰时，无法识别指纹，衣服上的每个纤维面板将会开始扭转，服装便卷曲起来

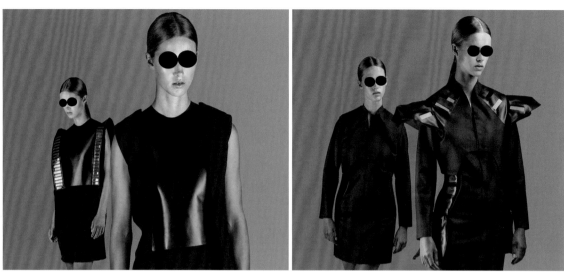

图2-22　荷兰设计师Pauline van Dogen试图将科技的美感融入时尚之中。在她设计的衣服上，太阳能电池组被放在了肩部或者两侧，隐藏在皮革或布饰之下。在太阳下直射一小时，这些电池能为手机充上50％的电

图2-23　伦敦设计师Lauren Bowker开发出一种能溶于皮革与布料的奇幻油墨，墨彩一接触空气，便会与环境中的温度、气压、湿度、甚至是污染程度产生互动，原本的黑色产生颜色变化，呈现出五颜六色

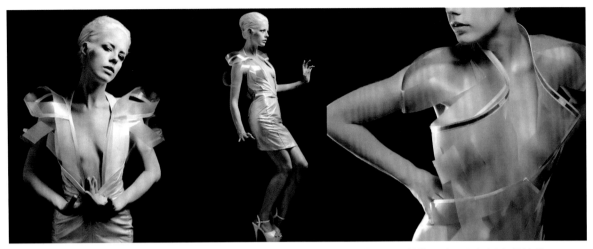

图2-24　Studio Roosegaarde的Intimacy 2.0由皮革和电子金属箔面料e-foils制作而成，能探测人的情绪，一旦穿戴者心跳加速变得"兴奋"时，它就会逐渐变成透明色

3.7 日常生活

　　日常生活的内容包罗万象，能够触动灵感神经的东西可谓无处不在：在衣食住行中，在社交礼仪中，在工作过程中，在休闲消遣中，一件装饰物、一块古董面料、一张食物的包装纸、一幅场景、一部电影、一种姿态都可能有值得利用的地方；一道甜品、一块餐巾或是一束鲜花，都可以引发无尽的创作灵感，经过设计的生活更能反映人的精神内涵。设计者只有热爱生活、观察生活，才能及时捕捉到生活周围任何一个灵感的闪光点，进而使之形象化（图2-25至图2-28）。

图2-25　品牌MOSCHINO设计师将品牌购物袋整体造型与色彩融入服装，富有趣味性

图2-26　键盘服装，设计师以键盘为灵感，体现出了现代生活与电脑的密不可分

图2-27　杰瑞米·斯科特的灵感来源于回收的想法，将生肉片运用到文胸和铅笔裙上，让人顿生好胃口

图2-28 日常生活：从食物——糖果中获取灵感创作的充满童趣的服装

3.8 微观世界

从新的角度看事物，一个简单的方法就是尝试不同的尺寸比例。一件常见物品的局部被放大后，可能就不再乏味和熟悉了，而会变得新颖，成为设计创作的灵感素材。正是这种对素材的深入了解，将使你的作品有着个人独特的风格（图2-29、图2-30）。

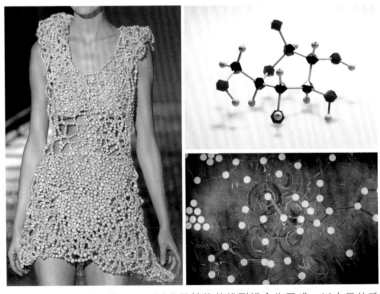

图2-29 Hussein Chalayan以分子结构的排列组合为灵感，以大量的珠宝打造奢华的创意服装

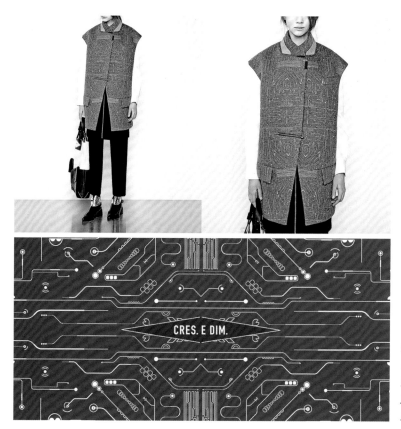

图2-30　CRES. E DIM这次的主题旨在诉求"未来的冲击"，结合电路图、云朵、天空等众多元素，运用在皮革、运动服等不同材质上，新鲜的组合刺激着我们对未来的想象力

第4节　创意服装设计的切入点

灵感素材的收集仅仅是服装设计过程的第一步，并非每个灵感素材都适合最后发展成服装构思，也不是灵感的任何部分都能被设计所利用。因此必须对收集的灵感素材进行选择、整理和归纳，删除过时无用的素材，从中选择最为鲜明、最能启发想象的元素作为设计的切入点。由于设计目的的不同，设计构思的切入点也会不一样。

4.1 从主题出发

从主题出发，可以帮助设计工作者缩小设计范围，明确设计方向，避免设计思路的混乱无序。主题可以启发灵感，选择一个具体的主题，有针对性地收集相关素材，然后根据这个主题形象的感觉来构思服装造型，利用款式特征、面料肌理、装饰细节、色彩配置及图案装饰等再现主题的整体氛围（图2-31至图2-33）。

图2-31　主题：工人　作者：张玮真

　　本系列设计试图从劳动工人出发，阐述现代法则的图景，打破大城市的规矩与法则。设计灵感来源于各行各业的超负荷的穿梭在繁华城市的劳动工人，他们如有神力般默默地扛起了整座城，但又被城市所吞噬。大的口袋装饰造型，易于伸展的宽松款式廓形，面料采用耐磨损的牛仔面料和卡其面料等。融入灯光、警示带、工作服和安全帽的色彩，橙黄与牛仔蓝的组合搭配醒目而摩登，形成强烈的视觉冲击

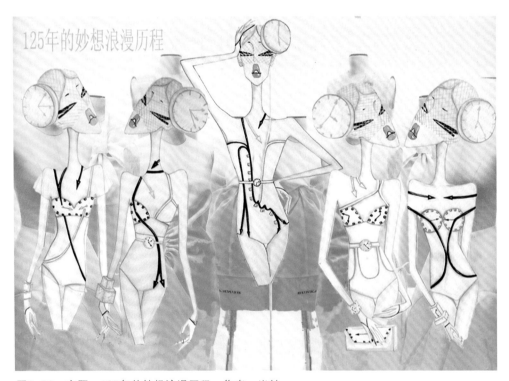

图2-32　主题：125年的妙想浪漫历程　作者：肖敏

　　设计灵感来源于时间的概念，故用钟表来穿插于整个设计之中，运用大量的指针箭头对设计进行分割。胸部造型处运用钟表的时间点设计来表现一种独特立体的激励效果。整个设计针对的是现代追求独立个性浪漫的女性，拥有自己独特的品位，在人群中不随从，不丢失自我，始终个性浪漫

图2-33 主题：蔓延 作者：夏巧梅

　　灵感来源于自然与工业文明产生的碰撞，植物与钢铁水泥，究竟孰强孰弱？看似柔弱，假以时日也能倾覆整个建筑；看似坚硬也能任人曲折……

　　硬与软的结合，如同藤蔓穿插、盘结，最终达到合二为一。让膨胀、收紧、多变的柔软融入都市生活中的冷硬，为之注入一抹温情。以白色来诠释整个设计，切割的皮革，被编结成流畅的曲线，刚硬中带着流动的柔软，蓬松的绒线或软或硬地交错拼接，展现都市中的矛盾与和谐

4.2 从情调出发

　　从情调出发的设计是指设计师受某些意境的感染，如清晨薄雾中的莲池、暗香浮动的古旧庭院、冬天充满怀旧味道的茶室、一幅温暖人心的画作等，从而对服装所体现出来的气氛和感觉进行定位，运用服装的款式造型、色彩配置、面料组合、装饰纹样来体现其意境情调，它是一种对服装内在精神的表达（图2-34）。

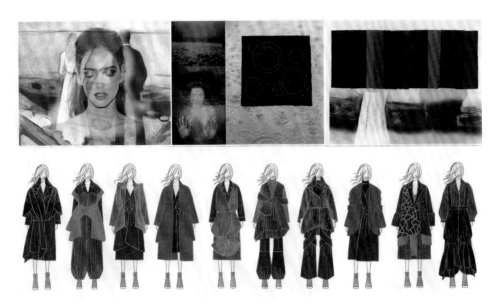

图2-34　设计师：*IRIS HSIEH*　本系列灵感来自*Edvard Munch*的画作，表达绝望的情绪。捕捉那些遇到悲伤的人的感觉，但是始终相信无论多么悲伤，仍然需要有一颗强大的内心再次站起来

4.3 从装饰、纹样出发

　　设计师常会被一些装饰元素、图案纹样等有趣的东西所吸引，并将这些元素融入服装设计中。如富丽奢华的龙纹刺绣、古朴彩陶上的涡形纹样、街头随意涂鸦的绘画、精巧繁复的苗族银饰等。从装饰、纹样入手的设计，要考虑纹样的大小、摆放位置以及工艺手法等（图2-35至图2-38）。

图2-35　设计中大量运用苗族银饰装饰在皮毛上，极具装饰美感

图2-36　设计师以鳞片为灵感来源

图2-37　主题：关于白发的秘密　作者：肖敏

　　以白发为主题，白发的秘密是年龄、时间和经历。设计中大量穿插白色的假发，或散摆，或拼缝紧绷，或手工编织，大量白发与独特的剪裁相融合。设计中运用白发的寓意，并以白发为面料，旨在表达和提倡女性的逆龄之美，保持外在，更要保养内心，做充实、无所畏惧的逆龄女人

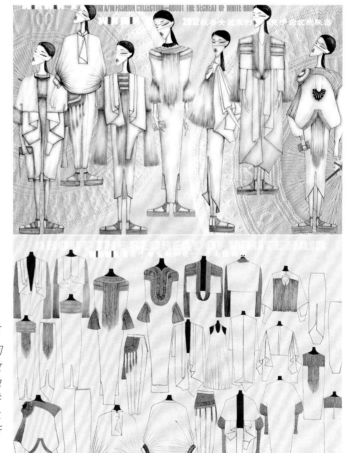

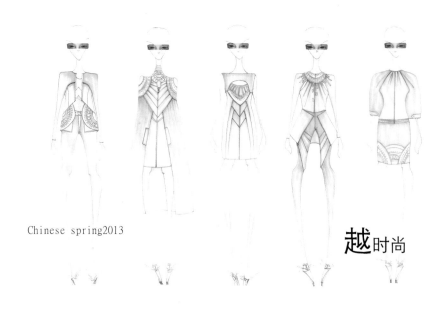

Chinese spring2013

越时尚

图2-38　主题：越时尚
作者：王剑秋
　　本系列设计灵感来源于大自然中昆虫身上的图案结构，通过皮革的分割造型和钉珠工艺相结合，将平面的图案立体化。在使服装外部轮廓简洁的同时，使内部细节的丰富达到臻美，超越服装本身，成为一件工艺品

4.4 从材质出发

　　从材料肌理的对比变化入手，是加强服装审美情趣设计的重要途径。海螺凹凸不平的表面、层层叠叠的羽毛、器皿冷漠的金属外表、印第安人粗犷的编织披肩等都呈现出不同的材质和肌理效果，对这些材质肌理的模仿和应用，令服装产生出极其丰富的艺术感染力。可以通过缉缝、抽纱、雕绣、镂空、植绒、揉搓、压印等制作出令人激动的肌理效果（图2-39至图2-41）。

BLACK SWAN

图2-39　从材质出发——羽毛，模拟黑天鹅的颜色和羽毛的质感，神秘、摩登而时尚

图2-40 从材质出发——纸张，
干净的白纸、富有折叠感，使作
品硬朗而丰富

图2-41 从农作物稻
谷中获取灵感，给简洁
的款式带来不一样的朴
实、优雅的气息

作为服装设计师，必须了解有关服装材料结构和技术性能方面的知识，培养对服装材料的感受力，知道如何最大限度地利用其性能，更好地运用材料来实现自己的设计构想。

4.5 从造型出发

世界万物，形态各异，如郁金香娇柔圆润的外形、凤尾竹修长洒脱的剪影、哥特式教堂硬朗尖锐的屋顶等，都是服装设计取之不尽、用之不竭的灵感来源（图2-42至图2-44）。时装巨匠Dior就是一个以造型为切入点，展开设计的高手。"二战"以后，他接连推出的花冠型、郁金香型、箭型、A型、H型、纺锤型等廓形服装，使其举世闻名（图2-45）。

图2-42　Rick Owens 2012秋冬作品强调了哥特风格的建筑造型的线条感，运用极简的色彩，解构和斜裁拉长视觉上的线条，包裹的连身长裙极具雕塑感的造型，自然的褶皱搭配悬垂的面料尽显哥特的气势和美感

图2-43　设计师Balmain天马行空的构想，抽象的、另类的、奇形怪状的造型设计，让人大开眼界，充满了未来主义，看似怪诞又非常合理

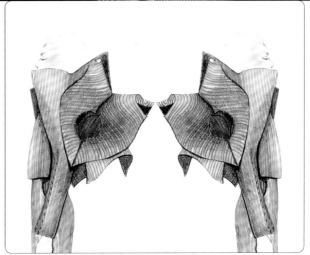

图2-44　设计师Arena Page以3D Modeling切割裁剪技术打造出如纸雕般的立体几何廓形和细节

| 郁金香型 | X型 | A型 | 花冠型 |

图2-45　Dior推出的部分廓形

4.6 从色彩出发

　　色彩是激发灵感的主要因素之一，色彩灵感的价值在于配色的新颖和配色的格调。单一色彩的使用往往已司空见惯，配色却由于色相、比例、位置等因素的不同而在新意上层出不穷。冰山变幻不定的冷蓝色调、抽象画中华丽绚烂的色块、鹅卵石层次细腻的灰褐色系等都可成为服装设计师开始创作的起点（图2-46、图2-47）。

　　色彩是创造服装的整体视觉效果的主要因素，着装效果在很大程度上取决于色彩处理的优劣。服装设计师要想使服装色彩达到预想的视觉效果，必须了解服装色彩的基本特性和配置规律。

图2-46　作品以糖果五彩缤纷的色彩为灵感来源

图2-47　设计师Alexander McQueen设计的礼服，设计师以鹦鹉羽毛明亮美丽的颜色为灵感来源，使礼服的裙摆呈现出绚丽多彩的视觉效果

第5节　创意服装设计的方法

设计方法是指结合设计要求运用设计语言、设计规律完成设计的手段。它通过对构成服装的众多要素进行变化重组，使其具有崭新的、符合审美要求的面貌，从而完成服装新款的创造。这些设计方法既可以单独使用，也可以综合起来，灵活运用，为设计实践服务。

5.1 同形异构法

利用服装上可变的设计要素，使一种服装外形衍生出很多种设计，色彩、面料、结构、图案、装饰等服装设计要素都可以进行异构变化。如可以在其内部进行不同的分割设计，这需要充分把握好服装款式的结构特性。线条分割应合理、有序，使之与整体外形协调统一，或在基本不改变整体外形的前提下，对有关的局部进行改进处理。这种设计方法非常适合成衣系列服装的设计，尤其是在设计构思阶段，这种设计方法可以快速提出多种设计构想（图2-48）。

需要注意的是，由于审美需要，异构后有些服装外形的某些部位可以进行微调，使服装整体结构更趋完善和美观。

图2-48　设计师在不改变原始的T型廓形基础上，每款服装在内部结构和分割上都做出了不同的设计

5.2 以点带面法

以点带面法是指从服装的某一个局部入手，再对服装整体和其他部位展开设计。如设计师从一种新颖的褶皱开始设计，其他部位都依据褶皱的结构特征、线条感觉、造型风格等进行顺应性设计，并统一协调其各部位的关系，以局部带动整体，最后完成一个新的整体（图2-49）。

图2-49　设计师Sveta Sotnikova的设计作品，设计师将服装的背面和袖子的面料进行切割处理，通过条状的肌理感塑造出独特的局部造型。为突出这一局部设计，服装的其他部分简洁利落

5.3 解构重组法

解构重组法就是将人们熟知的事物有意识地视为陌生，完整的形体有意识地破坏，从中再仔细寻找，发现新的特征或意义；或者将破坏后的事物重新组合，组成新的东西，获取新的意义。如：对服装结构的解构是把传统服装开片重新组合，形成和以往不一样的效果；对服装材料的解构是使用与传统面料迥然不同的材料来制作服装，如非纺织品、金属、塑料、木头等；对图形的解构是把一些毫不相关的图形素材重新剪辑、拼接后直接用于服装上（图2-50至图2-52）。

图2-50 设计师Haider Ackermann的系列作品，设计师将服装的衣领与门襟部位的结构打破，与其他部位进行重新组合，并选用不同材质的面料进行拼接

图2-51 设计师Yohji Yatamato的系列作品，设计师将服装各零部件打散重构并创意出全新的服装造型

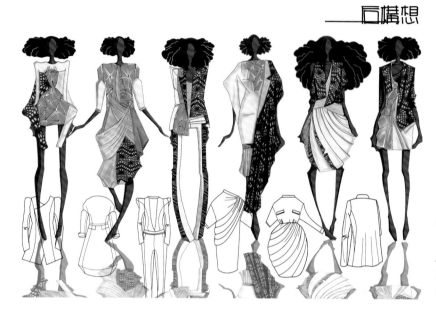

图2-52　后构想　作者：王柳
　　设计师以解构的手法将服装原有的造型分解，不同部位和面料的拼接创造出独特的新的视觉效果

5.4 夸张法

这是一种常见的设计方法，也是一种化平淡为神奇的设计方法，夸张可以强化设计作品的视觉效果，强占人的视域。在服装设计中，夸张的手法常被用于服装的整体、局部造型。夸张可以分为两个部分，一个是夸大，一个是缩小。夸张的形式也很丰富，造型、色彩、材料、装饰细节等，都可作为夸张的内容。夸张需要一个尺度，这是由设计目的决定的，在趋向极端的夸张设计过程中有无数个形态，选择截取最合适的状态应用在设计中，是对设计师设计能力的考验（图2-53、图2-54）。

5.5 逆反法

逆反法是指把原有事物放在相反或相对的位置上进行思考，寻求异化和突变结果的设计方法。在现代服装设计中，逆反法可以是题材、风格上的，也可以是观念、形态上的反对。如男装与女装的逆向、前面与后面的逆向、上装与下装的逆向、内衣与外衣的逆向，等等（图2-55）。使用逆反法不可生搬硬套，要协调好各设计要素，否则就会使设计显得生硬牵强。如将一条牛仔裤逆反为一件无袖上衣，要顾及衬衣的基本特征，做必要的修改。

图2-54　设计师Comme des Garcons设计的服装，宽大肩部和饱满的衣身，整体造型极致夸张

图2-53　设计师Paco Rabanne的设计作品，夸张了服装的领部造型

图2-55　Comme des Garcons设计作品，设计师将女性裙子的底摆放在了手臂上，将上衣袖子的袖口放置在服装的底摆处，营造出上下装的逆反效果

5.6 组合法

组合法是指将两种性质、形态、功能不同的服装组合起来，产生新的造型，形成新的服装样式，这种设计方法可以集中两者的优点，避免两者的不足。组合法可将两种不同功能的零部件组合起来，使新的造型具有两种功能。如将领子与围巾结合，成为围巾领；也可以将两种整体的服装组合起来，形成新的服装样式，如衬衣与裤装组合成连衣裤；组合法还可用于不同材质的组合上，如PVC面料与剪绒面料组合成可两面穿着的休闲夹克等（图2-56、图2-57）。

图2-56　圣马丁的毕业作品，设计师在造型上将面料与废报纸相结合，废报纸的堆积形成一种拖地裙摆的效果，体现出设计师的环保理念

图2-57　比利时安特卫普毕业秀，设计师将多种不同的材料组合，不同材料的搭配与拼接使得服装具有另类的风格

5.7 移位法

移位法是将一种事物转化到另外的事物中使用，以便于更好地解决问题的一种设计方法。它可以使在本领域难以解决的问题，通过向其他领域转移，而产生新的突破性的结果。

　　在科学技术飞速发展的现代社会，人们的需求越来越多元化，传统的服装品种已经不能完全适应现代人的生活方式，人们对服装提出了更多的诉求。移位法就是按照设计意图将不同风格、品种、功能的服装相互渗透，相互置换，有时甚至是将其他领域的事物导入服装之中，从而形成新的服装品种，制造新的流行时尚、消费观念，以满足人们的购买欲望。移位法的功效不在于完成一个具体款式的设计，而是着重于一种新的服装理念的提出，为更新产品结构拓宽思路，是带有宏观意味的设计方法（图2-58、图2-59）。

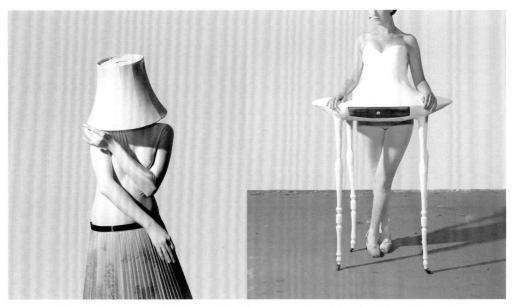

图2-58　家具设计师Frederik将复古橱柜等元素运用到服装设计中，打造出了"家具人"

图2-59　设计师Chalayan将桌子变形成为裙子

5.8 追寻法

追寻法是指以某一事物为基础，追踪寻找所有相关的事物进行筛选整理的设计方法。当一个新的造型设计出来后，设计思维不该就此停止，而是应该顺着原来的设计思路继续下去，把相关的造型尽可能多地开发出来，这样就不至于因为设计思维过早停止而使后面的造型夭折。这种设计方法适合大量而快速的设计，设计思路一旦打开，人的思维会变得非常活跃、快捷，脑海中会在短时间内闪现出无数种设计方案，设计者快速地捕捉住这些设计方案，从而衍生出一系列的相关设计，设计的熟练程度会迅速提高，对应付大量的设计任务便易如反掌（图2-60、图2-61）。

图2-60 书之渗透 作者：周冬华
以书本为基础，把相关的造型尽可能多地开发出来，衍生出一系列的设计

图2-61 Yong Soon Kwon的作品，设计师以图书馆典藏中的古老文字元素为灵感创作的系列设计

5.9 变更法

　　变更法是指通过对已有服装的造型、色彩、材质、制作工艺及其组合形式进行某个方面的改变，以产生别出心裁、富有创意的设计（图2-62）。图2-63中设计师Aura Tout Vu大胆地将晚礼服中惯用的蕾丝面料用木头替代，个性而不失精致华丽之美，展现时代女性柔美婉约中略带坚强的风貌。变更法在实用服装设计中也大有用武之地，对销量不俗的服装往往只需要改变其某一元素，便又可成为下一季度的畅销服装，如只是将颜色改变为时尚摩登的糖果色。

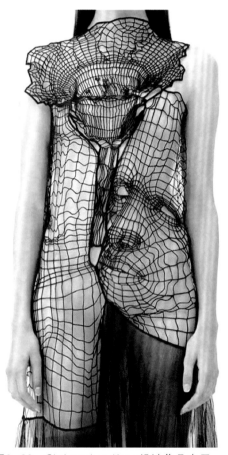

图2-62　Christopher Kane设计作品中用蜘蛛网形式传递图案新审美情趣

图2-63　设计师Aura Tout Vu作品

5.10 加减法

　　有人说服装设计的基本方法就是加与减，服装的众多造型要素之间的相互关系都可以在增加或减少上做文章，通过这些要素比例关系的变化产生新的服装样式。运用加法或减法时，要根据设计目的和流行风尚，在追求奢华的年代中加法用得较多，在追求简洁的时尚中减法用得较多。无论加法还是减法设计，恰当和适度都是非常重要的（图2-64、图2-65）。

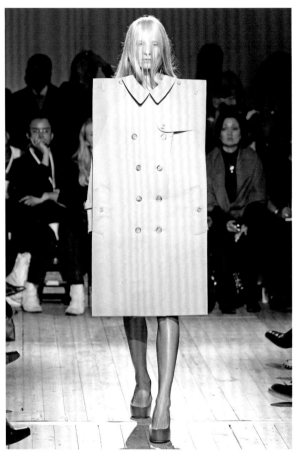

图2-64　圣马丁学生作品，加法　　　　　　　　图2-65　*Maison Martin Margiela*，减法

5.11 借鉴法

对某一事物进行有选择地吸收、融汇形成新的设计，这就是借鉴。借鉴可以是服装之间的借鉴，如优秀的服装设计本身、服饰品以及某种局部造型的色、形、质，或者某种工艺处理手法等都是借鉴的对象；也可以是借鉴其他事物中具体的形、色、质、意、情、境及其组合形式。借鉴有两种方式，一是全部或基本照搬，事物的造型样式各有其可取之处，将这些可取之处直接借鉴到新的设计中，有时会取得巧妙生动的设计效果；二是将原型的某一特点借鉴过来，用到新的设计中，这是一种有取舍的借鉴，或借鉴造型而改变材质，或借鉴材质而改变其造型，或者借鉴工艺手法而改变其造型、材质等（图2-66、图2-67）。

图2-66 将西方宗教修女服饰中的长袍、修女帽等局部元素借鉴过来，黑白两色的搭配，与现代的服装造型相结合，别有一番滋味

图2-67 将Christian Dior "NEW LOOK" 造型融合现代简洁的轮廓与搭配，设计出现代感十足但又非常 "Dior" 的款式

第6节 创意性系列服装设计的规律

在服装设计中，我们通常将在同一表现主题下的一组相互关联的成组成套的服装群体称为系列服装设计。系列服装作为一个设计主题下组织在一起的有机整体，能比单套服装表达出更完整的主题内容和更有感染力的视觉效果。另外，随着社会的发展，消费者对服装提出了更高的要求，作为企业，必须要有足够丰富的款式数量，以尽量满足消费者的各种搭配和穿着需求，这不仅提高了服装产品的商业价值，而且也尽可能地减小了经营风险。

6.1 系列设计的基本特征

数量、共性和个性构成了系列服装设计的基本特征，也是构成系列形式的三个基本要素。

6.1.1 数量要素

系列服装必须是由若干个单套服装共同构成的。数量是构成系列的基础条件。系列服装少则二套，多则不限。通常我们把二至五套的服装组合归为小型系列；六至九套的服装组合归为中型系列；九套以上的组合归为大型系列。

系列服装的规模大小一般可以由设计师根据主题表现的需要及兴趣来确定。从设计的角度讲，系列规模越大，难度就越高，表现效果也就越全面（图2-68）。

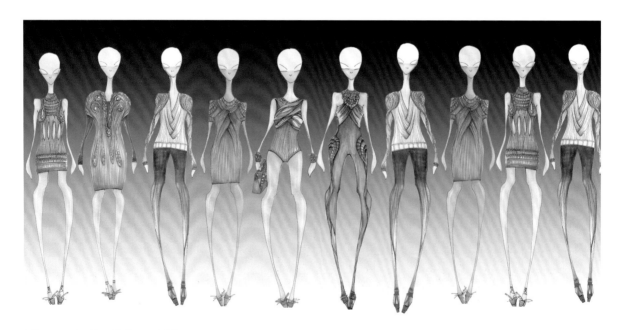

图2-68 织芽 作者：王剑秋

6.1.2 共性要素

　　共性是构成系列的必要条件，没有共性就不能形成系列。共性，也就是在一个系列的各个单套服装中存有共有因素。只有系列服装中的各个单套服装之间有了共同点，才能把整个系列联系在一起。在具体的设计手法上，就是在统一的设计理念和共同的设计风格之下，通过追求相似的形态、统一的色调、共用的材料、类似的纹样、接近的装饰和一致的工艺处理等，从而使视觉心理产生连续感和统一感（图2-69、图2-70）。换言之，如果系列设计中缺少了统一的设计理念和共同的情趣风格，即使存在某一方面的相同，也不会产生系列感。

6.1.3 个性要素

　　从视觉心理学上看，过于统一相像的事物的反复出现必定会产生视觉的疲劳和乏味，而从美学的角度看，只有共性和个性的结合才能产生艺术美感。所以，要想真正设计好系列服装，必须要强调每个单套服装的个性特征，讲求每套服装的独特性和异他性，这是系列服装的真正魅力所在。

图2-69　KAY KWOK设计作品，设计师以闪亮的五角星为灵感来源，在面料上制造发光的视觉效果

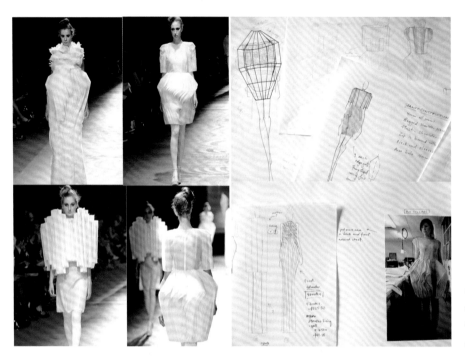

图2-70 Roxanna Zamani作品，设计师以褶皱为灵感来源，褶皱贯穿整个系列设计

　　个性的形成取决于设计手法的变化运用，要使系列中的每个单体在造型形态、面料组合、分割比例、方向位置、开合结构、装饰内容、层次数量和松紧搭配等方面或多或少地表现出差别。需要注意的是，这种差别必须是建立在相互间的关系之上的。在这一点上，要遵循四个字，就是要做到"存同求异"，意思就是要在保存相同或相似的基础上，追求变化和各自的特点（图2-71）。

图2-71 灰尽破晓
　　该系列通过黑白的色彩对比、不对称的裁剪及面料厚薄的搭配，表达了现代女性追求独立、张扬自我的精神面貌。在共同的设计风格之下，每款服装在廓形形态、结构穿插、面料组合、装饰手法等方面又各有特色，丰富多变又相互呼应，将共性与个性结合得恰到好处

6.2 系列服装的设计元素

6.2.1 造型设计元素

在造型设计中，服装形态的宽与窄、大与小、松与紧、长与短、正与反、疏与密等变化，经过运用可以产生多种多样的形式。当系列服装需要采取同种形态的廓形时，可以通过调整局部和细节形态而获得变化，如改变口袋大小和位置、领口的高低、移动门襟位置等（图2-72）；相反，当需要局部设计趋向一致时，可以改变服装的廓形来获得变化，比如通过改变上衣或下装的长短关系获得不同的上下装比例、通过调整放松量改变服装的松紧关系等（图2-73）。

图2-72　*作者：陈梦琪*
　　在这组充满生活趣味的系列服装中，设计者运用了相同的H型廓形来传达人们的喜怒哀乐等丰富的表情，而夸张的图案、多色块的拼接以及服装的解构重组，使整套服装生动活泼，充满趣味性

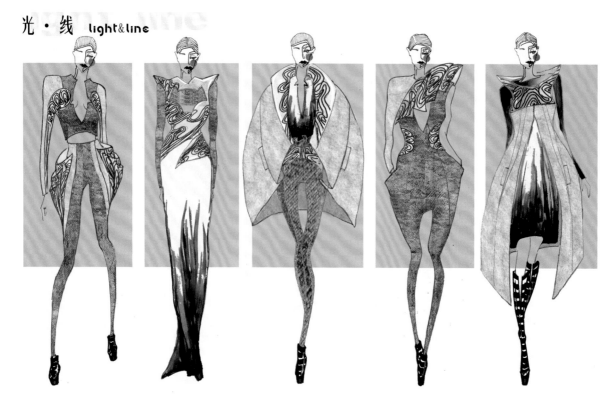

图2-73 光·线

　　在这组系列设计中设计者传递的是科技与服装结合的概念，充满科技色彩的电缆被作为共同元素细节反复地在设计作品中使用，而服装的廓形则变化多端，配合以不同色度的灰色，呈现出科幻迷情的服装风貌

6.2.2 色彩设计元素

　　运用色彩的纯度、明度、冷暖、层次、呼应、穿插等表现手法，可使系列服装的色彩配置既整体统一，又富于变化。在系列服装设计中，一般需要选择一组色彩来构成一个色系。其中，作为主色，常会出现在每套服装中；而作为辅助色，则可以通过穿插、置换、交替进行搭配，这样既整体统一，又富有变化。要引起注意的是，这些不同的色彩需要形成"你中有我，我中有你"的呼应关系，否则容易造成色彩的混乱，影响系列的整体效果（图2-74）。

　　另外，也有些系列服装全部使用黑色、白色或者红色，这样的处理或是出于表现设计主题的需要，或是出于所需效果的考虑。这种色彩处理方法的系列服装，一般都以群体的形式集中展示，常常能给人一种极强的视觉冲击力（图2-75、图2-76）。

图2-74　Keiling Lee作品

图2-75　2019 Undercover秋冬系列，羽毛眼罩和手杖，还有帽檐一侧的花朵和羽毛，这些男孩好像掌管着某种特权，满身的红色神秘，也唯美

图2-76　设计师Dion Lee系列作品，采用同一色系蓝色的不同色彩层次进行搭配，协调统一而富有律动性

6.2.3 面料设计元素

在系列服装设计中，运用不同质感、肌理的面料进行对比或组合搭配是系列服装中常用的也是重要的设计手法。以突出面料设计元素为主的系列服装，设计师常常会精心选择所要使用的几种面料，并充分利用它们之间产生的或单薄与厚重、或细腻与粗糙、或柔软与硬挺、或飘逸与沉稳、或亮泽与晦暗等关系，通过一定的造型组合形式来达到对比美的效果。这种设计表现方式，要求设计师充分掌握各种材料的性能以及制作工艺的特点，否则将会弄巧成拙而功亏一篑（图2-77至图2-78）。

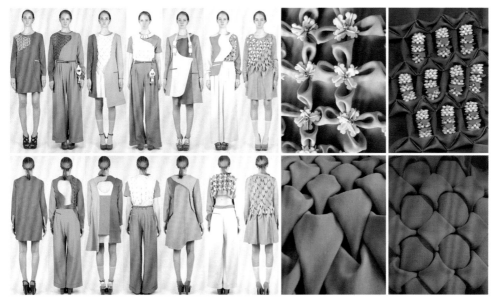

图2-77　设计师Siripirun将面料进行改造形成多种肌理效果，同时用装饰物与面料相结合，给人一种耳目一新的视觉效果

图2-78　战争与时装
作者：Isabell Yalda Hellysaz
　　将同样颜色的不同材质的面料——皮毛、毛织、薄毛料穿插使用，既融合又形成对比，使服装更具节奏感、立体感

6.2.4 装饰工艺设计元素

　　装饰与服装有机地结合在一起，会进一步地丰富系列服装的造型语言，增添设计的情感因素，使之变得生动而富于艺术的感染力。服装中的装饰工艺包括：刺绣、打花、绲边、拼贴、镶嵌、抽纱、缉线等，这些装饰工艺在服装造型中起到了点示和强化的作用，增强了服装整体的美感（图2-79、图2-80）。需要注意的是，装饰是建立在造型基础上的附加价值的行为，所以在运用时要与服装的造型特征、服用功能保持统一的协调关系。否则，不但会失去应有的效果，还会直接影响系列服装设计的整体和谐性。

图2-79　Cassey Gan
作品，设计师将竹筒
与竹签作为服装的装
饰细节

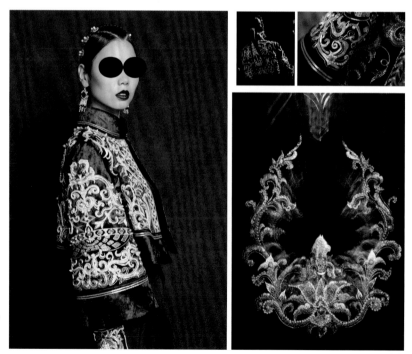

图2-80　女装品牌盖娅传说以中
国传统手工艺刺绣为装饰工艺

6.2.5 服饰配件设计元素

服饰配件在服装中虽然处于次要地位，却是必不可少的有机组成部分。在系列服装设计中，不仅可以利用相同或相似的服饰配件，以获得风格上的统一，还可以利用不同造型或者色彩的服饰配件，以求得变化（图2-81）。

应该认识到，我们在实际的系列服装设计时，情况会比上述讲解要复杂得多，因此，要学会灵活地变化运用，而不是照搬、照学、照用，要知道设计的创新往往是在突破规矩的情况下才会发生的。

图2-81　Givenchy高级定制系列，设计师以夸张的耳环和鼻环搭配简洁的服装造型

6.3 系列服装设计元素的运用

在一个系列服装的设计中，不可能容纳所有流行的或者自己喜爱的设计元素。为了凸显一组系列的风格，设计师必须对所用设计元素认真加以考虑和选择，并且相对集中地使用一定数量的设计元素。设计元素的数量多少并没有标准，应视设计的需要而定。但是如果所用的设计元素过于相近或者单一，会使系列设计变得单调、缺少变化而显得趋同；如果所用的设计元素过于散乱或者繁多，则会使系列风格混乱而缺少统一感。因此，作为设计者，学会取舍设计元素和控制设计元素的数量是极其重要的（图2-82）。

图2-82　纸·尚

　　该系列设计灵感来源于折纸艺术，纸的折法千千万，将折纸与三维科技相结合，打造多层次、多面的立体效果，强调服装的空间感和体积感。跳跃的色彩打破沉闷的灰色调，充满活力与激情

　　从服装设计元素群使用的重要性上看，可以分解为主要元素群和次要元素群。主要元素群构成了系列产品的基本面貌和基本风格，次要元素群则是对前者的点缀和补充，起到丰富变化的作用。选定怎样的主要元素和次要元素、两者的使用量和它们之间的比例如何，都将直接影响设计的风格面貌（图2-83）。

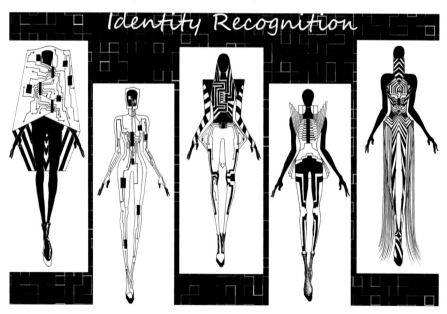

图2-83　"新人奖"作品

6.4 系列服装的设计方法

　　系列服装的设计涉及多套单体服装的群体发展过程，与单套服装的设计方法虽有共通之处，但也不尽相同。选择采用什么方法来开展系列设计，一方面取决于设计师个人的设计习惯；另一方面要根据具体的设计主题、要求以及服装类型来决定。下面介绍两种不同的设计方法。

6.4.1 基本型扩展设计法

　　所谓基本型扩展设计法，就是根据主题要求，先设计构思出一套完整的服装款式，以此作为系列发展的基本型款式，然后根据这套款式，由此及彼地衍生和扩展出其他的款式设计，进而形成系列群体的设计方法。

　　基本型款确定后，在扩展其他款时，须尽可能地寻求与之相似或相近的变化。在这个过程中，既要做到不脱离基本型款，又要大胆拓展，并尽可能多设计出一些变化款式，以便有更大的选择余地（图2-84、图2-85）。学生在学习初期可以选择一款自己最喜欢的设计师的作品，进行基本型扩展设计练习，从设计师的作品中学生可以清晰地看到设计师的设计理念和设计元素的运用，方便其在设计中有效地控制设计风格和设计元素数量及主次关系，避免初学者在系列服装设计中最容易出现的风格混乱和设计元素过于散乱等问题。

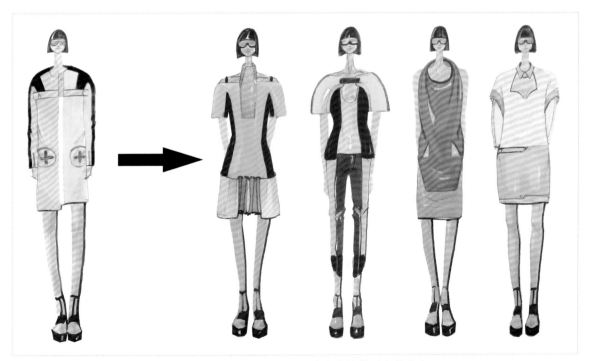

图2-84　作者：刘冲　设计者以机器人为灵感来源，以略夸张的箱型为基本廓形，衍生出系列设计

图2-85　基本型不对称重叠式剪裁、立体几何模式，呈现出独立、自我形态强烈的另类审美趣味。在系列拓展中，设计者在理解这一设计理念的同时，进行了大胆的延伸，创造的款式系列性很强

6.4.2 整体递进设计法

　　所谓整体递进设计法，就是根据设计要求，先对整体系列产品的组成品种、数量和基本形态做出整体性的规划与安排，然后再进行逐一完善的设计方法。

　　运用这种设计方式，要求设计师有很好的大局观和整体意识。在进行系列设计时，关键是要做好系列的整体策划工作。如整个系列中，款式有几个品种、几种类型，它们分别有几种长度变化，采用几种外廓造型，服饰品以什么为主，有几种使用变化等。并用整体视角审视和检查各个服装单品组成是否合理，然后完成系列服装的基本搭配形式以及基本穿着变化。在基本获得认可后，再对每套服装的细节进行逐步的深入设计（图2-86、图2-87）。

图2-86　整体递进设计法　作者：徐莹娟

图2-87 整体递进设计法 设计师: YONG KYUN SHIN

无论采取何种设计方法, 都必须遵循统一与变化的艺术创作规律, 既要处理协调好各个单套服装之间的关系, 保持统一的整体感, 又要尽量使每个单套服装各具个性风采, 这样才能使系列整体处于生动而和谐的状态之中。

第7节 创意服装设计构思的表达形式

设计构思存在于人的脑海中，需用恰当的方法将其表达出来，服装设计构思的表达方法有两种：平面的表达和立体的表达。

7.1 平面的表达

平面的表达形式即用设计图的形式表达设计构思和工艺构思，具有快捷、形象、经济的特点。设计图是设计构思中至关重要的环节，它可以快速地将设计灵感的火花抓住，再运用娴熟流畅的绘画技巧把新创造的服装款式准确、生动地传达给受众。同时，设计图还具有为服装缝制提供工作指示的作用，使打样技师与缝纫车工能按照设计意图和要求，制作出样衣。服装设计图包括三方面的内容：服装效果图、平面款式图和相关的文字说明。

7.1.1 服装效果图

服装效果图是以较为写实的手法，准确地表现人体着装的效果。多采用8～9头身的人体比例，以取得优美的形态感。服装效果图应完美地表达出服装的风格和特点，服装的轮廓造型与面料质感等要画得自然生动，接近成衣的穿着效果。一些设计的新意和要点，可在人的动态上加以强调，或在绘画上做些夸张以吸引人们的注意。服装效果图的表现形式很多，如水彩画、水粉画、色粉笔、油画棒、彩色铅笔、彩色水笔、马克笔等（图2-88至图2-90）。

图2-88 作者：张碧钗
"汉帛杯"金奖

图2-89　作者：Simone Giovanni Bruno

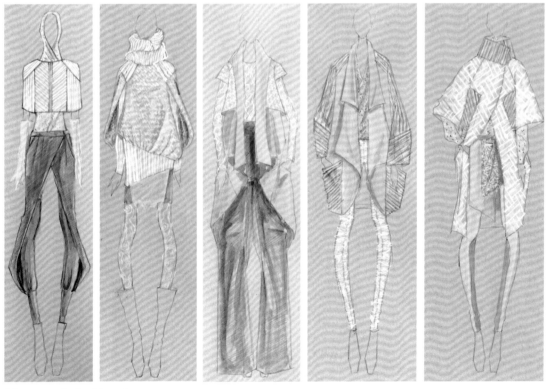

图 2-90　作者：Timazing

7.1.2 平面款式图

服装平面款式图是服装款式、结构的图解。平面款式图在设计中有快速记录印象、传达款式设计意图、指导生产的作用。款式图要能够准确地体现出服装的平面形态，包括衣服各部位的比例以及衣服的内结构线，如袖形、领形、缉线、袋、门襟、纽扣、拉链等。如有暗藏的袋、复杂的结构或特别的设计、装饰，则可用旁附图示明。最后标明衣服的主要尺寸，并贴上所选的面料标样。

服装的平面结构图应准确工整，各部位的形状、比例要符合服装的尺寸规格。一般不需要表现出立体感，多以单色墨线勾勒，线条流畅整洁，绘制方法简单（图2-91、图2-92）。

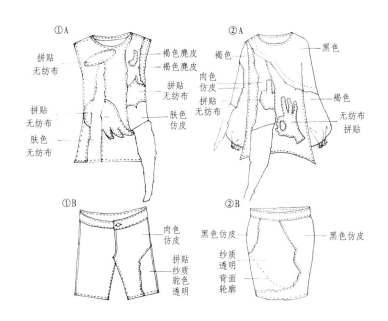

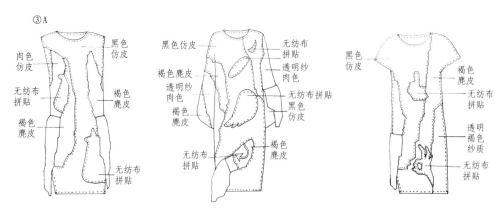

图2-91　手绘款式图

图2-92　电脑绘款式图

7.1.3 文字说明

　　在服装效果图和平面款式图完成后，还应写上必要的文字说明，如设计意图，工艺制作上的注意事项，面料、辅料和配件的选用要求，装饰方面的具体问题等。要使文字与图画相结合，全面而准确地表达出设计构思的效果。

7.2 立体的表达

　　立体的表达形式就是用立体裁剪表达设计构思。常见于高级时装，现代服装设计中也常常用到，尤其是在设计一些结构变化较多、个性化较强的时装上，用平面方式无法准确表达时，就可采用这种直接明了、生动立体的表达方式，它非常利于设计思维的展开和深化。有时，为了使设计更加立体、适体，一些用平面表达的设计也用立体形式表达（图2-93、图2-94）。

图2-93　立体表达1

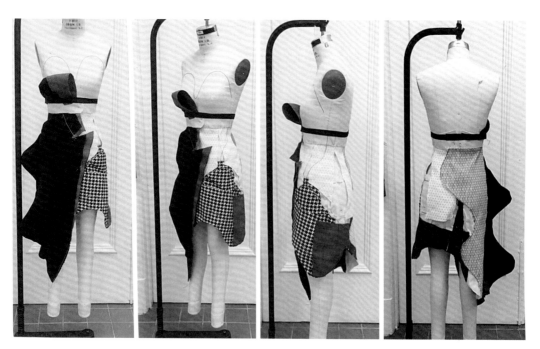

图2-94　立体表达2

思 考 题

1. 拟定一个主题，以小组形式进行头脑风暴。

2. 如何寻找服装设计的切入点？

3. 收集最能引起你注意的服装作品，讨论它们所运用的设计方法。

4. 挑选一个系列服装并评价其设计：所运用的设计要素、服装的轮廓、色彩的应用、面料的选择、细节部件、给作品增色的装饰品、所运用的设计理论。

5. 选择一款你最喜欢的设计师的服装作品，运用基本型扩展设计法，设计出一个系列服装（4～6款）。

第3章　创意服装设计流程

设计是理性与感性的结合。在设计前期需要不断开发理性思维，做好充分的准备。这就要求了解创意服装设计的流程（图3-1）。

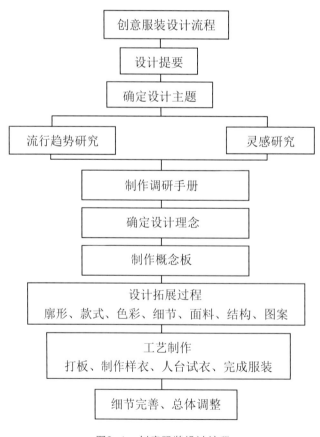

图3-1　创意服装设计流程

第1节　设计前的准备

创意服装的设计根据引发创作的不同，可以分为偶发型设计和目标型设计两种类型。偶发型设计，是指设计之前并没有确定的想法，而是受到某类事物的启发，突发灵感而进行的设计创作；目标型设计，是指设计之前已经制定出明确的目标和方向的设计。例如，我国的"汉帛杯""新人奖""虎门杯"等设计比赛，因为它规定了明确的设计表现主题，限定了设计方向，就是属于目标型设计。

1.1 设计提要

对于目标型设计而言，事先都会有一个明确的设计目标，如某服装设计大赛的征稿通知、某活动开幕式的表演服装设计等。设计师在开始设计工作之前，首先要确定设计提要的要求，如设计的目的、设计的类型、设计的季节、设计的数量、面料的选择、设计完成的时间、设计效果图的格式以及一些特殊要求等，这对能否成功完成设计任务非常重要。

通常此类的设计提要会比较宽泛，往往只有一个大体的指向和限度，有助于充分发挥设计师的想象力，但同时也因为设计内容的空泛，而容易造成设计思路的混乱无序。这就要求设计师对设计提要进行分析和研究并制定一份"操作步骤表"，以达到缩小或划定较为具体的设计范围的目的，使自己的思维变得清晰和明确，从而进一步完善设计意图。如下：

要求你设计什么？

格式、表现手法等方面有什么要求？

工作量有多少？

是否有完成设计的时间期限？

是否需要制定一份任务时间表？

是否需要进行市场调研？

是否需要从其他相关领域，如艺术、历史、文化、社会等方面获取灵感资料？

采用何种形式来反映流行趋势？

是否需要翻阅杂志，浏览相关网站？

如何用新的理念丰富设计主题？

需要什么样的廓形、面料、色彩、图案、细节诠释设计理念？

有没有运用新型的材料？

是否需要新工艺手法的支撑?

能否完成实验操作环节?

整体系列风格是否一致?

采用哪种展示形式突出设计理念?

1.2 确定设计主题

在众多的素材中选取一点,集中表现某一特征,称之为主题。设计过程的第一步是确定设计主题。主题是一个系列构思的设计思想,也是创意作品的核心。从素材中选择你最感兴趣、最能激发你创作热情的元素进行构思,当启发灵感的切入点明朗化、题材形象化,并逐渐清晰时,系列主题就会突现出来,这时将提供一个明确的设计方向以便使设计思路逐渐清晰。选择一个感兴趣的主题,更好地启发灵感,纵情地发挥出个人的创造力和设计理念。

大多数的世界知名设计师都有着自己标志性的主题。前Dior设计师约翰·加里亚诺(John Galliano)长期致力于各个历史时期的再现主题,以丰富而夸张的创意手法表现。日本的草间弥生善于玩转圆点,她把小圆点看成是来自宇宙的和自然的信号,用高彩度对比的圆点花纹加上镜子,大量包覆在服装的表面,古怪而充满趣味性。她被人们称为"波点女王"(图3-2)。

图3-2 草间弥生将其标志性的可爱红色波点泡泡袖连衣裙挂在基本款的针织衫上,古怪至极

1.3 灵感研究

　　创意虽然是以"灵感"的面貌出现，却不可能是凭空产生的，而是来自过去长期累积的底蕴。积累的过程是一个素材积累的过程。素材是服装创意不可缺少的设计元素，是服装设计灵感的原动力，也是设计师构思、创作的源泉，设计师因素材的生动而启发了灵感，进而产生了联想，创造出有独特个性的设计作品。因此，服装设计必须借鉴吸收各种素材进行创意。

　　通常，一些初学者会非常关注服装专业类资料的收集和积累，以期在设计中获得灵感和帮助，事实上，光靠积累本专业的信息资料是远远不够的，因为从服装中再生服装的设计方法，尽管很实用，但从更高要求来看，它很难摆脱他人构思的影响，难以获得创新和超越。因此，我们需要更广泛地获取专业以外的各种信息，比如绵长悠久的服装发展史、变幻无穷的自然风物、绚烂多姿的民族民间文化、丰富多彩的姐妹艺术、日新月异的现代科技、繁华喧闹的都市生活、瞬息万变的流行时尚以及存在于文学、哲学、音乐中的反映意识形态的各种思潮和观念，等等。从日常生活中吸收社会发生的细微的、逐渐变化的审美，并经过再整理深入研究，这些素材将为你提供源源不断的设计灵感，转化形成创意（图3-3至图3-9）。

　　当然，在获取这些灵感信息时，我们必须仔细考虑它的作用力。是否能吸引你？为什么？如何激发你的创造力？怎样发展设计？就像Dries Van Noten一直被怀旧和民俗所吸引，成为他的绝活，印花和细节也是他设计的着眼点。

图3-3　设计素材——生物

图3-4　设计素材——历史

图3-5　设计素材——宗教

图3-6　设计素材——民俗

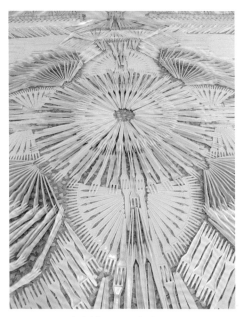

图3-7　设计素材——日常生活

图3-8　设计素材——现代科技

图3-9　设计素材——建筑

1.4 流行趋势研究

　　灵感的研究只是设计工作的第一步，如何赋予它们新的含义和流行感，才是创意设计的意义所在。这就需要我们对当前的流行趋势进行研究和掌握。

　　服装的流行趋势主要是指有关的国际和国内最新的流行导向和趋势。流行趋势可以来自街头风格、零售市场、设计师发布会、展览会、流行资讯机构、专业的期刊以及互联网等。信息包括最新的设计师作品发布、大量的布料信息、流行色、销售市场信息、科技成果、消费者的消费意识、文化动态及艺术流派等。流行趋势不断受到经济、社会、政治、文化等变革的影响，它为设计师提供了基本的设计方向，并在一段或长或短（至少一季）的时间里成为时尚潮流，而快时尚则另当别论，通常只有几周。20世纪40年代Dior的"NEW LOOK（新风貌）"系列强调线条，柔和了肩部线条又突出了纤细的腰身，同时扩大了裙摆的幅度，这一造型特点成为潮流，在欧洲延续至20世纪50年代，并成为永恒的经典，其审美情趣影响了一代又一代的设计师。

　　进行流行趋势研究时，要留意资料中有关廓形、比例和服装穿着方式的图片信息，寻找造型和服装组合的灵感，将关键要点做笔记；从资料中收集关键词，这能为服装的款式、细部、织物和装饰设计提供更多的灵感；分析趋向性的时装发布，使自己的设计理念与流行同步；研究最受欢迎的设计师，比如约翰·加里阿诺（John Galliano）和山本耀司（Yohji Yamamoto）当季和过去的发布作品，思考是什么让这些服装那么流行，所有的这些工作在设计中能起到重要的参考和借鉴作用（图3-10至图3-15）。

图3-10　流行趋势来源于街头风格——时髦单品波点衬衫，复古风信手拈来

图3-11　流行趋势来源于
零售市场

图3-12　流行趋势来源于发布会——本季茧型轮廓重磅回归，设计师们塑造着肌肉无比发达的都市男性，仿佛预
示着渴望一位宇宙英雄，拯救全球低迷的经济局势

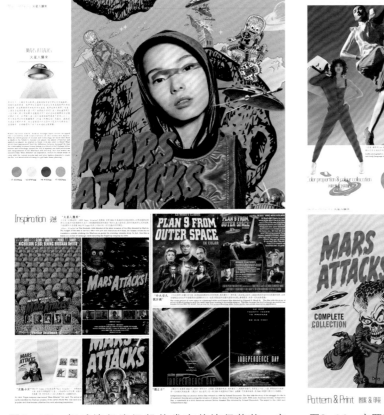

图3-13 权威流行资讯机构发布的流行趋势，主题——火星人袭来

图3-14 主题下的色彩、图案趋势

图3-15 主题下的款式设计趋势

1.5 调研手册

将前期根据设计想法和理念进行的一系列资料收集的散乱图片、材料，以随机的形式拼贴在一起，制作成调研手册，并随时记录下对材料深层次剖析的过程。手册应该通过拼贴、绘制反映出设计者创意思维的发展轨迹和个人对于主题的表达方式，使设计者与素材更亲近，设计理念更明确，条理更清晰，设计主题更突出，同时便于在后期设计过程中进行参考，控制设计方向（图3–16）。

图3–16　调研手册

第2节　设计拓展

2.1 确定设计理念

通过设计前期的准备，设计理念的广泛性存在于设计过程的每一个环节。设计理念就是创造性思维产物的命题，是设计师经过市场调查、资料分析之后，对设计对象理性认识的高度概括。设计理念是否新颖、独创，反映了设计师对设计对象创造性的想法，是设计师对现实生活的深刻感受和艺术升华；同时也是设计对象各种需求的集中体现，是设计过程的核心，是整套设计方案的纲领（图3–17）。缺乏理念的设计会失去方向感，造成资源的浪费甚至设计工程的失败。

图3-17　*Erin Hawkes*，中央圣马丁毕业设计最高奖项获得者。其设计灵感来源于修女。她大量地搜集修女的照片和宗教事物，同时观察许多秀场上如*Balenciga*（巴黎世家）设计的有关宗教元素的设计作品，发现其作品多是运用宗教中抽象神秘的图案和大量的廓形。她改变了这种惯用的设计理念，希望改变和夸张的是人的着装方式。她将大量怪异的东西融入宗教中，规矩的修女长袍和hip-hop大袖子长外套、宽大的T恤、牛仔裤，打造出一个全新的"修女"形象，怪异而高贵。一位位修女看起来酷似街头审判者，隐藏于繁华的街头

2.2 制作概念板

概念板也称故事板，是以一种比较生动的表达形式说明设计的总概念，它能帮你对收集到的素材进行选择，将你头脑中模糊的设计理念以清晰的视觉形式体现出来。这是整理思路和图像的第一步，它有助于设计师缩小范围，拓展理念。一旦重要的想法理顺，有了清楚的思路，设计就会变得简单多了。

制作概念板就是在设计理念之下，搜集各种与主题相关的图片，对它们进行研究、筛选，注意将研究素材和流行意象及趋势预测结合起来。再把这些选好的图片粘贴在一块大板上，同时选择一组能再现主题的色彩系列一起放在画板上，以便你一眼就能看出这些设计会怎样演变。概念板有的复杂，有的简单，但正如它的名字所暗示的，概念板必须始终抓住设计方案的基调。例如，我们的灵感来源于海洋，那么我们就要将一切搜集来的与海洋相关的素材进行提炼，并选择出自己想要传达的主题，可以是具象到海洋中的某一生物，可以是概念到海洋呈现在人心中的情绪，也可以扩展到海洋的过度开发和污染，将与此主题相关的图片结合流行趋势提炼制作出概念

板，其中包括灵感来源、色彩、元素及服装整体氛围等，它们都是围绕着主题而进行的（图3-18
至图3-22）。

图3-18　主题：惯用的
　　　符号般惯用的庆祝，
独特的区域文化，塑造
着专属于他们的社群。
纵情于研究这些古老而
神秘的文化，与全世界
共享它们，寻求一种视
觉上的美感，更真实、
更融合于现代生活主题

图3-19　主题：水彩画
　　　淡淡的水彩画，洗
涤的世界，冲突的色调
开始缓慢过渡，心情也
随之变得平缓，形成心
境上的温和的舒适享受

图3-20　主题：后工业时代　灵感来源于后工业时代。后工业时代将是结构、层次和内敛的时代。人们对生活有了新的概念，他们追求彰显个性与舒适的生活方式，渴望在忙碌与闲逸中寻找到一个平衡点

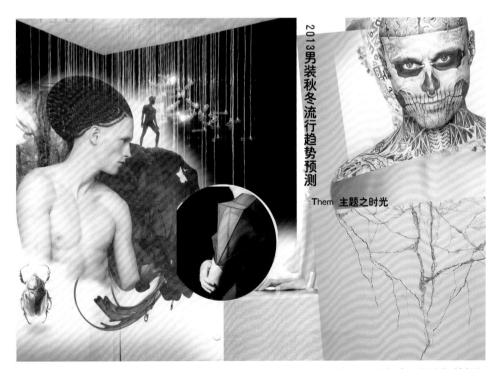

图3-21　主题：时光　当时光的印记在我们身上烙下美丽的图案时，我们才记得我们曾经拥有过，暮光灰杂着清晰的轮廓便是未来的我们对时尚的态度

图3-22　图形旋涡　扭曲盘旋的花卉、流动的线条诠释着生命的意义。自然规律所形成的图案，迷幻趣味而蕴藏宇宙奥秘，也是我们尊重生命、憧憬未来的时尚态度

2.3 草图

草图的绘制是运用速写簿记录下创意的过程。这是一个将灵感具体化的过程，也是设计思维的深化过程。根据设计理念，充分将能想到的内容运用前面所学的设计方法，如同形异构法、局部改进法、加减法、极限法、逆反法、分离法、转移法、变更法、整体法、局部法、限定法、组合法等，将想法展现在纸上，通过不断尝试而萌生新的想法，将处于萌芽状态的概念逐步清晰明了，设计的思路也会逐渐明朗。可以根据设计理念写下一些关键词，如"优雅的""柔和的""怀旧的"等字样启发你设计出与主题相关联的服装轮廓造型、结构比例、装饰细节，甚至于概略的色彩和图案倾向等。从草图到正稿的过程是一个不断怀疑、否定的过程，前期的许多设计会在不断地思维深化中被抛弃，所以说它记录了设计思维的真实变化过程。在这个过程中，可以将一些面料和局部的特殊工艺设计的实样粘贴在草稿薄上，这样既能证明设计构思的可行性，也能在工艺制作的二次设计中得到更多的启示（图3-23至图3-25）。

图3-23　草图的绘制　设计师将其设计理念和创意思维的过程完全地在草图中展现出来。以旋转的电风扇扇叶为灵感，不断探索扇叶的旋转规律以及其在服装中的排列组合形式

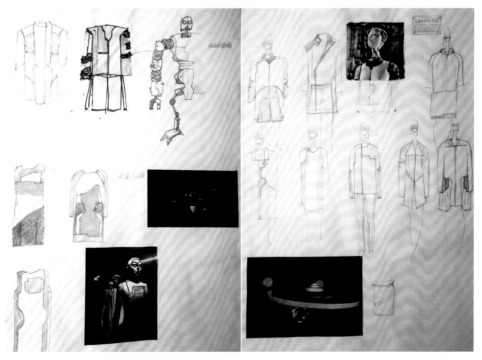

图3-24　草图的绘制　系列设计的灵感来源于对未来科技的膜拜。设计以机器人和外太空飞行物为起点，设计者将搜集到的相关灵感图片粘贴在草稿簿上，使设计理念逐渐清晰，然后根据灵感图，开始发散思维，展开草图的设计绘制

图3-25 设计师以男装西服为设计灵感。通过将男装剪裁的细节与女装时装的元素融合在一起来实验，展开设计构想与草图设计

在绘制草图时，可从以下几个方面去进行思考：

2.3.1 廓形

服装是包裹在人体上的三维立体造型。服装的廓形（Silhouette）即服装的外部造型线，也称外轮廓线。服装作为直观的形象，其廓形是服装款式造型的第一要素。廓形是服装给人的第一印象，它在传达服装总体设计的美感、风格、品位时起着巨大的作用。

廓形服务于设计理念，换言之设计理念决定了设计的廓形，不同的服装廓形体现不同的服装造型风格。但通常设计师们在设计主题中只会选择2~3个主要的廓形，以强化、突出其设计理念。20世纪50年代Balenciaga设计了新的服装廓形，通过简单的造型，不直接接触女性的身体给她们带来舒适感，建立了身体与服装廓形的新关系，被沿用至今。

H型——肩、腰、臀、下摆的围度无大的区别，衣身呈直筒状，具有简练、随意、中性化的特征（图3-26）。

A型——也称为钟型、膨体型，指上小、下大三角形造型的服装，具有洒脱、流动、活泼的感觉（图3-27）。

图3-26　Maison Margiela 2011春夏女装"男人的行头与女人的身体相遇"中以男士服装中简洁
的款式搭配僵硬的H型廓形，展现出女装男性化的一面，散发着浓浓的中性气息

图3-27　设计师Robert Wun 2012年设计作品"burnt"，其服装灵感来源于显微镜下蝴蝶和飞
蛾的"缺陷"，希望呈现出燃烧和熔化一样的缥缈的视觉效果，所以在廓形选择上以A型为主，
并结合下摆膨胀的具有层次的曲线诠释理念上的空灵和流动感

　　X型——是一种能够体现女性特征的服装外轮廓形，以束腰为主要特征，具有优美、柔和的美感（图3-28）。

图3-28　众所周知，X型是Dior的经典廓形之一

　　在上述三种典型的廓形基础上，可以进一步细分出更多的廓形，如S型、T型、V型、O型等。在实际设计过程中，服装外轮廓形的应用是非常复杂的，在熟悉不同廓形的风格特征后，结合好具体的设计要求和流行特征是关键（图3-29至图3-31）。

图3-29　CJ Yao系列设计灵感来源于像竖琴之类的弦乐器或如节拍器的音乐设备，在人体上重塑这些熟悉的乐器结构，通过高耸而加宽的肩膀、木质的形状和设计的具有张力的琴弦，削弱了女性的体态，给予了她们有力的保护

图3-30　设计师LOKO YU BA根据其理念——诉讼这黑暗而阴森恐怖的后哥特繁荣的空气，选用了夸张的T型廓形配合光泽的皮革面料

图3-31 主题: 格·空 作者: 江倩倩 俄罗斯 "Gubernskiy Style" 国际青年服装设计大赛银奖

设计者创作作品的灵感来源于空格键。空格，就是格式化空间。建筑设计的立体空间感转化运用到贴条的服装上，在服装的整体廓形中以O型为基础进行变化，可以柔和，可以棱角分明，就如按一次空格键后让我们在留白的生活上点缀斑斓色彩

2.3.2 比例

比例是服装中最常见的构成美法则，它是指同类数量之间的一种比较关系。在服装设计中，比例是从廓形而来的。比例关系主要体现在服装与人体、服装各部位尺寸间的数量比值关系，服装各部分尺寸之间的比例，不同面积色彩与材质之间的比例，以及服饰配件与服装的比例，系列服装整体搭配的比例等。

服装的比例关系是设计师根据设计理念，凭借审美的经验，结合当前的流行趋势，把握这种比例关系特点，并运用于系列服装设计中，以达到较为理想的视觉组合效果（图3-32至图3-34）。

图3-32 黄金比例

图3-33　Thom Browne 2012年秋冬，设计灵感来源于20世纪初的巴黎，他的女装设计从男装版型上改版，以极致夸张的手法增加服装长度，或者以模特脖颈上炫耀的及地长的塑料项链，颠覆身体常规比例，打造一种古怪诡异的社交名媛形象

图3-34　高耸的肩型、粗壮的手臂、隆起的膝盖、露脐的上衣、缩短的袖口和裤管，形成比美式足球更夸张的身体比例线条

2.3.3 结构线

　　服装结构线是指体现在服装的各个拼接部位，决定服装内部的转折和起伏，构成服装整体形态的线。服装结构线是依据人体工学的特点而确定的，因此首先应具有合体、舒适、便于行动的功能性；其次，要具有装饰美感，与服装的风格和谐统一。服装中的省道线、分割线与褶裥线等虽然外观形态不同，但在构成服装时的作用是相同的，就是运用这些线来构成繁简、疏密有度的形态，并利用服饰美学的形式法则，使服装各部件结构合理、形态美观，达到适应人体、美化人体的效果（图3-35、图3-36）。

图3-35　主题：偶然事件
作者：赫小龙

　　灵感来源于生活中的每一个细节，每一个设计草图和一些触碰我们灵感的事物，当所有的这些细节和事物碰撞到一起的时候就形成了一系列作品，在制作工艺上主要以服装结构线为重点，再结合面料本身的特点达到一种结构和视觉上的统一和创新

图3-36　主题：原色发光体
作者：史雅杰

　　随意透明概念化的设计将成为新潮反常规美感的主角，错乱打造或不正确地组装廓形，而缺陷则成为亮点。系列设计利用光感透明材料，在透光特性材质的应用中突出服装的结构线，产生一种透视美感

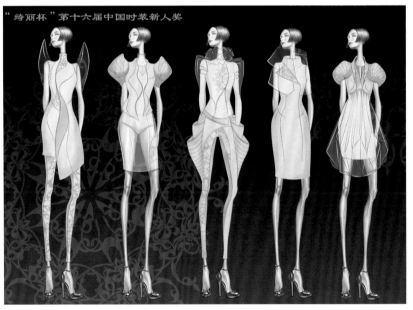

2.3.4 细节

在设计中，细节是点睛之笔，是精彩、生动的点缀。缺少细节的服装经不起近距离地审视和细细地品味。服装细节是指服装的局部造型设计，是服装廓形以内的零部件的边缘形状和内部结构的形状。服装细节是设计表达的显要部分。除了服装的领、袖、口袋、门襟、褶、图案、扣结等零部件都属于服装细节设计之外，也包括服装的装饰手法、工艺手段及面料再设计等细节表现形式。通过服装细节的刻画和形式美感的丰富表达以及细节与整体造型的统一运用，服装被设计师注入了精致的神韵，别致而新颖，充分满足人们的审美需求（图3-37至图3-39）。

图3-37　Yohji Yamamoto 2019秋冬大秀奏起了军装风格的交响乐。本系列设计让纽扣在承载着功能的同时也因为色泽、大小、位置的不同组合而成为服装装饰的一部分

图3-38　Maison Margiela 2012秋冬，看似规矩的款式，却是运用环保的理念将废弃的服装和面料重新组合，并在扣子的细部用门把手颠覆了传统的纽扣

图3-39 设计师Ya-Chiao Rexy Sung从装饰出发，大量运用安全别针和螺丝钉组合成一朵朵蒲公英，搭配简洁的服装款式，突出装饰细节，使服装别致而个性

2.4 材料、色彩和图案

2.4.1 材料

　　服装的材料是用来制作和体现款式的基本素材，是服装不可分割的重要构成要素。服装材料诠释了设计师的设计理念和款式风格特性，并直接左右着服装的色彩造型的表现效果，是设计作品成功与否的关键之一。即使是相同的款式造型，不同的材质表达出的效果也不尽相同。"巧妇难为无米之炊"，许多的设计师都因为无法把握材料特性，而无法表现出服装的款式、传达设计理念。不同的材料需要通过不同的设计体现出属性特质，材料在一定程度上限制了设计师作品的最终款式和表现效果。在创意服装设计中，设计师需要对材料有较全面的了解和认识，以便了解材料的性能，把握好材质与设计之间的尺度关系，更好地运用材料来最大限度地实现设计理念和展示设计作品（图3-40、图3-41）。

图3-40　俄罗斯时装设计师Lisa Shahno的灵感来源于宇宙分形理论，主张宇宙结构存在分形性质和宇宙本身在任何方向的无限性。一个分形是一种可以从部件中分离出来的几何体的形状，每一个至少接近于一个缩小尺寸的整体或者相似的形状。所有的形状是由一个重复的基本图形组合，设计师选择硬朗挺括的面料、运用不同的手法充分呈现出体块的切面感

图3-41　荷兰设计师Iris Van Herpen以空想主义与数字化技术为灵感，运用3D打印技术将戏剧性的廓形设计和材质的特色性、繁复的工艺和轻纱完美结合，通过色彩及质地展现出的光泽仿佛看到远古世界那些迤逦奇炫的神秘生物。每一件作品都如同雕塑艺术一样，极具未来感

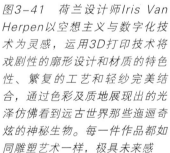

　　材料是时装设计师创作的工具，它决定着衣服的悬垂性和廓形。在创意服装设计中，材料的选择常常受到设计理念的支配。进行设计时，为了确保设计出的作品与初衷吻合，有许多方面需要考虑。对设计师来说，材料的外在美感、手感、悬垂感和组织结构是尤为重要的。选用面料时需要考虑以下几个方面的问题。

（1）重量：决定衣服的悬垂性。

（2）组织：材料的组织决定着面料呈现的外观效果。

（3）材质：材质决定着服装的触感和外观，相同的服装款式用不同材质的材料制作会产生完全不同的效果。

（4）色彩：色彩的选择至关重要，它反映了你的设计构思和下一季的流行趋势。

（5）价格：材料的价格有高有低，它的选择取决于设计师的设计理念的传达和成本预算。

除此之外，根据服装的功能，面料的其他性能（保暖性、透气性、防水性、耐磨性等）也要加以考虑。

当然，市场上的材料有时未必能满足设计师的需求，为了更好地表达设计理念，有的设计师可能需要设计、研发新型面料或对面料进行二次处理（如：涂层、石洗、做旧、染色等）。在系列设计中，设计师们选购材料时，要充分考虑到面料的厚薄、材料的质地等对比关系。这就要求在采购面料前，搜集大量与设计主题相吻合的面料小样，将其放在设计稿旁边，谨慎考虑哪些面料能够更好地凸显设计理念、适合于服装，并将几种面料并列在一起，观察面料之间的协调关系（图3-42）。但面料小样与大块的实际面料之间是有差异的，仅仅只是对于面料小样的设计是无法完全把握实物面料设计的，只有在实际尺寸上，才能真正地估计它们的设计搭配效果（图3-43、图3-44）。

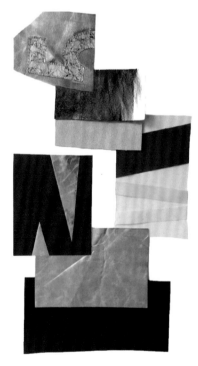

图3-42　设计师根据设计理念与面料灵感，准备面料小样

图3-43 Winde Rienstra Spring/ Summer 2012，"11：11" 在这里她探索材料——木材、织物和三维立体之间的关系。运用木材塑造服装的造型和三维空间的视觉效果，其目的是通过材料与时尚的有机结合，探讨人类能源的可持续概念

图3-44 中央圣马丁学生 Hellen Van Rees毕业设计作品 THE MIRACLE OF THE SPACE AGE

灵感来源于香奈儿所运用的花呢面料、1920年摩登的直线廓形、维安尼施·卡普尔和雷切尔的3D艺术品。纺织材料是该系列的显著元素，它是纯手工的，将纱线直接运用到服装廓形上。这些纱线和基础织物都是生产工厂残留下来的，或者是破旧废弃的面料中拆下来的，所以该系列是可持续的。服装上增加的立方块是基于传统女性服装，添加一些更具颠覆性和雕塑建筑感的东西，由于使用相同的纱线制成，十分轻巧，所以服装不易变形

2.4.2 色彩

色彩是创意服装设计的重要因素，是服装最具表象性的特征之一。它常常以不同形式的组合配置传递着设计师的设计理念，反映设计主题，并一定程度区分作品的情调性。不同的色彩配置影响着人们强烈的情感反应。服装设计师要想使服装色彩达到预想的视觉效果，必须了解服装色彩的配置规律。

从色彩学的角度讲，色彩的并置与组合称为配色。就某一种颜色来讲，无所谓美或不美，而只有两三种颜色并置在一起时才能感觉到其色彩效果的美感。

一般地讲，服装设计的配色有三种最基本的配色形式：

（1）同类色配置。

同类色配置是指运用同一色系（色相环上15°范围以内的颜色）色彩相配置，如：红色系列、黄色系列、蓝色系列等。这种同类色配置的方法很容易取得协调的色彩感觉，但应该注意的是色彩的明度和层次要处理得当，否则服装色彩则会显得单调而平淡。另外，在同类色配置中，要巧妙地采用同色系但不同肌理的面料进行搭配从而产生既统一又有变化的艺术效果。如：上衣

和长裤都使用同种色系不同色度的灰色进行拼接配置，并在裤子上使用了有别于其他面料的金属
质地面料，整体产生了较为丰富的视觉效果等（图3-45至图3-47）。

图3-45　同类色配置　设计师以哥特式建筑为灵感，欲通过运用不同色相和明度的灰
色，传递出一种哥特式的神秘诡异气氛

图3-46　同类色配置　主题：古韵平遥　作者：王霖

　　灵感来源于平遥美景的美丽和柔情，用现代的手法将时尚与古典相融合，你会发现
原来生活是如此美丽。服装采用水墨渐变的手法将羊绒完美演绎，并融入针织图案，整
体色调上呼应设计的主题，将幽静平和的平遥美景呈现在人们面前

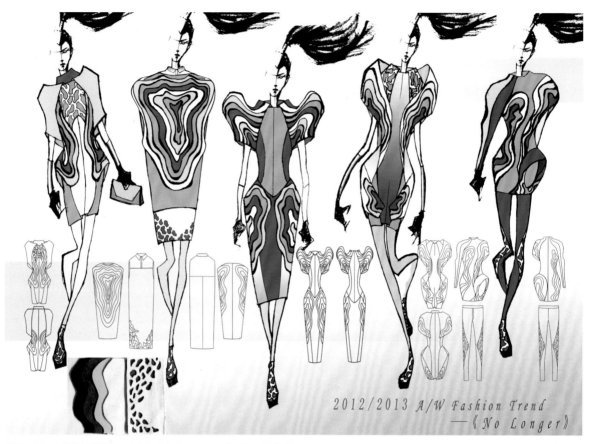

图3-47　同类色配置　主题：No Longer　作者：姚善华

　　灵感源自前卫建筑师安东尼·高迪充满幻想主义的流动曲线式建筑设计。曲折弯扭的墙线夸张造型，富有动感。通过大量不规则曲线图形来寻找内在的一种理性平衡。在服装设计中运用不同色相和明度的婉转曲线的组合，来彰显感性视觉冲击

　　（2）邻近色配置。

　　邻近色配置是指在色相环上处于60°范围之内不同色相的色彩搭配。如：橙与红、蓝与绿、绿与黄等。它与同类色配置相比，具有稍复杂的细微效果，可以得到一种既有调和又有变化的美感。但应该注意的是，颜色之间的纯度和明度应相互衬托，在相配置的颜色中要有主次、强弱和虚实之分，这样才会使服装的色彩有层次感（图3-48）。如：衬衫是鲜明的黄色，裙子是含灰的绿色，从整体上看，会显得生动而富于色彩变化。

　　（3）对比色配置。

　　对比色一般是指色相环上两极相对应的颜色，如：红与绿、黄与紫、蓝与橙等。对比色配色的特点是：鲜艳、明亮、强烈、突出、有动感，但处理不当也易产生生硬感和不协调感（图3-49、图3-50）。

图3-48　邻近色配置　*Ivana Pilja 2012年*

　　系列设计灵感来源于大自然中的昆虫，以昆虫的造型、色彩以及组织结构为模仿对象，抽象的印花，相邻的色彩组合和谐而梦幻

图3-49　对比色配置　*Comme des Garcons 2012秋冬成衣发布*

　　设计师采用了红与黄、蓝与红两种鲜艳的色彩碰撞，解构主义的剪裁渲染，夸张而简约的廓形，表达出一种达达主义的随性以及反常规的自由情感

图3-50　在安特卫普2017年毕业作品集中，设计师探索了材料——废旧纸盒、织物和三维立体之间的关系。运用牛皮纸箱、塑料袋等废弃物搭配对比强烈的色彩冲击，塑造服装的造型和三维空间的视觉效果，其目的是通过材料与时尚的有机结合，探讨环保和人类能源的可持续概念

在设计中，设计师除了要满足自己的倾向喜好外，还要考虑到消费者的审美品位，运用以上的色彩搭配规律，根据其设计理念，确定出属于自己的色彩"倾向"，并相应地选择适合的色彩，考虑色彩间的平衡关系和节奏感，生成属于该设计理念下的色彩组合方式。为了更好地诠释出设计理念，通常设计师们会在系列设计创作过程中选出1~2种色彩为主色调，配以一些常规色调为辅色和少量的点缀色，使整个系列服装更为丰富饱满（图3-51、图3-52）。

图3-51　主题：工装的回归
作者：胡悠琦

*　　该系列设计灵感来源于铁路工人，表达了对辛勤工作的工人们的钦佩，摩登工业浪潮再次席卷时尚圈。为此，设计师以蓝灰色基调诠释着辛勤劳作的工人们的生活状态*

图3-52　主题：ENERGY
*　　红色、火热、激情、活力、热情，设计师选择了红色来诠释Energy的无限力量*

2.4.3 图案

图案是为材料和服装增加亮点的装饰性元素。创意服装设计有赖于图案纹样来增强其艺术性和时尚性，它在极大程度上丰富了面料的感官性。但是并不意味着所有的设计都需要图案，它与设计师的设计理念、设计主题息息相关（图3-53至图3-56）。

图3-53　设计师 *Holymane Nadel*将宗教图案以插画形式与服装结合，削弱了宗教带给人的庄重严肃，取而代之的是一种趣味性的游戏，摩登而时尚

图3-54　运用当代水墨画中的泼墨纹样进行服装图案设计，视觉上灵动，富有变化

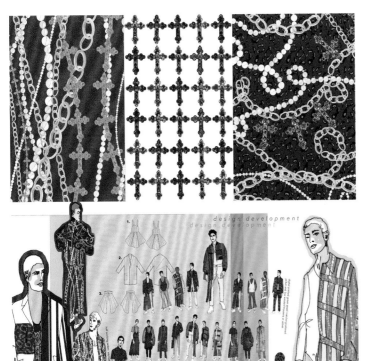

图3-55　Shireeka Devlin渴望创
作出狂野又富有趣味性的服装，
所以在图案上选择运用尽可能多
的色彩和数码印花。其作品廓形
灵感来源于嬉皮的男装，而疯狂
的印花则源自日常生活中的一切
事物，一些简单的事物如艺术家
插画、金属链条等

图3-56　设计师Edda Gimnes 2016春夏系列将铅笔插画画于帆布上，身穿Edda作品的模特就像一幅幅
"行走的插画"，展示着Edda特有的天真美学，充满趣味

2.5 设计中的实验环节

　　服装设计不仅仅是在二维空间中完成平面效果图的过程，更是三维制作的过程。实验是检验设计能否实施而进行的操作，是设计中的重要环节。

　　实验环节也是许多学生最容易忽视的一个环节。许多学生在设计时天马行空，充分发挥创造思维，重视效果图的表现力，而忽视了服装的结构和工艺，导致许多制作出来的服装无法达到设计时想要的效果，有的甚至根本无法制成服装。这就需要在设计时运用实验环节，采用替代面料实验出在制作中无法把握的部分，为后期制作提供相关依据；倘若实验未果，也可尽快调整设计方向（图3-57至图3-62）。

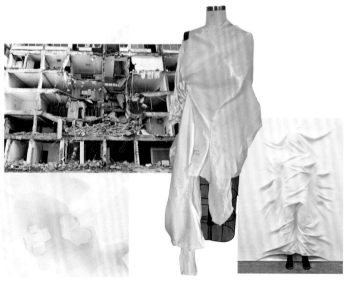

图3-57　根据主题及灵感图片，进行造型实验

图3-58　设计中的实验环节——结构实验，通过在人台上进行复杂部位的实验，检验设计想法能否实现

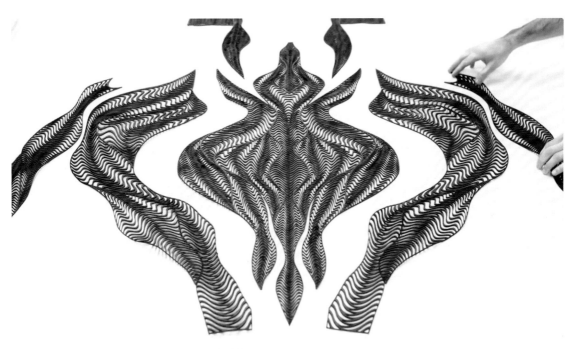

图3-59　设计中的实验环节——3D打印材料实验

图3-60 设计中的实验环
节——面料再造实验

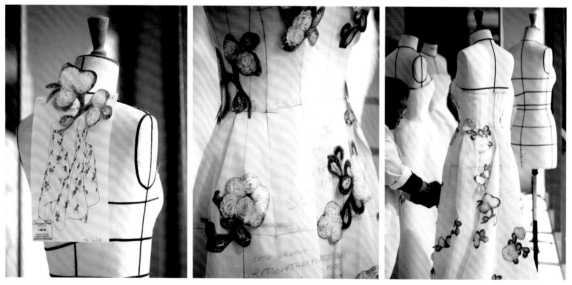

图3-61 设计中的实验环节——装饰实验

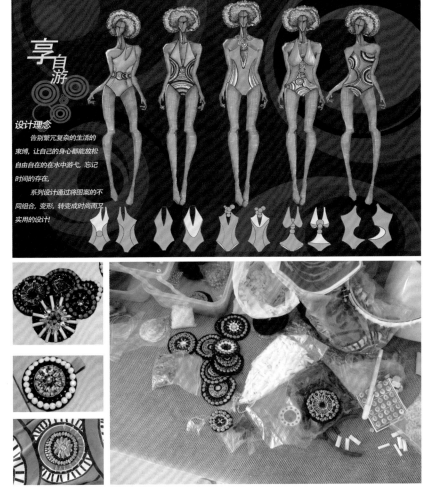

图3-62　设计中的实验环节——装饰实验，根据设计理念和设计稿的需要，进行一系列的设计实验并选择出与设计理念最符合的一个，应用在设计制作环节

2.6 确定正稿

确定正稿就是需要在多种变化的草图方案中确定最佳的表现形式。在确定过程中，设计者一方面需要回到最初的感受状态中，回味最初的感觉；另一方面还需要以艺术的眼光去审视这些构思，以便确定既符合自己的追求，同时又是最具艺术感染力的设计形式。倘若发现形式尚不理想、不到位或者还未表现出最初的想法，就要分析原因，能修改的就进行修改，不能修改的就需重新构想。

需要提醒的是，在这一过程中，需要把设计的服装形象，从结构工艺的角度较为完整地在头脑中"制作"一遍，以此来验证设计的可行性和合理性。只有这样，构思才不会是空想和幻想，不至于偏离服装的本质（图3-63）。

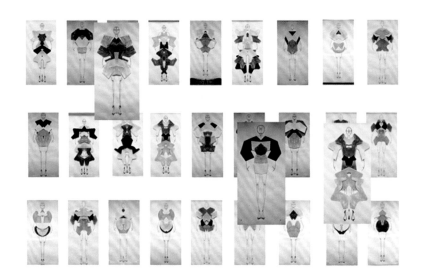

图3-63 设计者再次回到原点审视和确定自己的设计理念，从草稿簿中选择最符合自己设计概念的款式确定正稿。从系列的整体性出发，处理协调好各组服装之间的配搭关系，既要保持风格的整体性，又要各具特色

第3节　工艺制作与展示

3.1 打板

　　一旦决定了服装设计的方式，就可以选择合适的技巧去制作和裁剪服装板型。打板即绘制服装平面制图的纸样，在服装工艺中起着至关重要的作用。绘制纸样是服装设计的中枢枢纽，它是设计稿绘制和工艺制作的衔接环节（图3-64）。服装纸样的设计分两种方法：平面纸样裁剪和立体纸样裁剪。它们的最终目标是取得平面纸样（图3-65）。

　　平面制图是一个精确的制图过程，是将已经设计好的服装进行三维立体的想象，利用预先测量获得的人体计测值，绘制成立体形态对应的平面展开图的方法。平面制图是将想象中的立体形态转化为具体的平面展开图，与直接用布料在人台上面边做边确认的立裁相比，其涉及难度较高的图形学计算等方面的内容。目前普遍使用的平面制图法有两种：原型法和比例法。

图3-64　绘制纸样

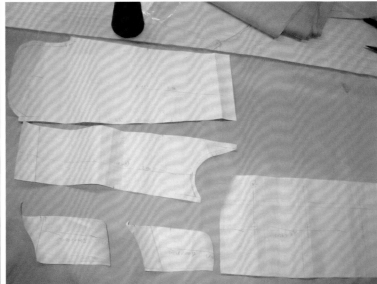

图3-65　平面纸样

原型法是以原型为媒介，根据原型纸样的变化原理，设计出新的服装板型。由于纸样在设计的过程中，既要考虑款式的创造性，又要满足人体的活动要求，因此，充分理解原型的特性并具备预测新造型平面展开图的能力十分必要。所谓原型，是指符合人体原始状态的基本形状，根据人体设计作为制作服装的基础，是最基本的纸样类型（图3-66）。

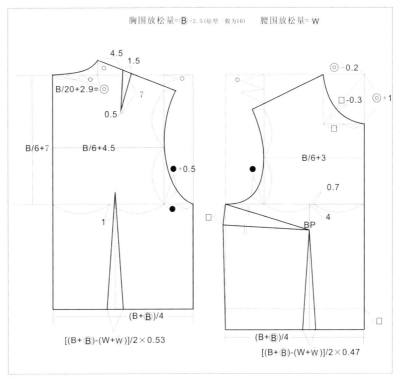

图3-66　日本文化式女上衣原型

比例法则是根据服装风格，在获取部分人体主要控制部位尺寸（身高、胸围、腰围、臀围）的基础上，通过该部位尺寸与人体各主要部位的尺寸比例关系计算出其他细部的规格数据。这些计算公式必须根据服装各部位间的相互关系或服装与人体间的相互关系来确定。

3.2 立体裁剪

立体裁剪是区别于服装平面制图的一种裁剪方式，是实现服装款式造型的重要手段之一。它是利用坯布或纸张等直接覆在人体模型上，通过分割、折叠等技术手法制作预先构思好的服装造型，在造型的同时剪掉多余的部分，并用大头针固定，在确定线的位置做标记，再从人台上取下坯布或纸张，恢复成平面状态进行修正，并转化成服装纸样，从而使设计具体化的技术方法（图3-67）。

图3-67　立体裁剪

立体裁剪具有较强的直观性和灵活性。由于直接作用于人体模型之上，设计师们可以全方位、多角度地观察服装的空间造型效果，实现设计效果图的造型要求。同时在操作过程中，还可以结合面料的风格和物理特性，随时观察与调整服装的造型、比例和结构，进行再设计。

对于复杂并没有把握的设计结构，可以将平面制板和立体裁剪有机结合，先利用平面制图的方法绘制基本的纸样并使用坯布裁剪组合，复杂部位则披覆到人台上，通过立体裁剪的方法处理完成。无论选择哪种技法，花在改进板型上的时间有助于减少调整样衣的工作量，甚至于减少制作样衣的数量。

3.3 制作坯样

服装板型的合体与否，需要由白棉布或与最终成衣的确认面料性能类似的价格便宜的替代面料制作成坯布样衣来进行检验。坯样是以人体或人体模型为参照对象进行制作和修正。在人体或人体模型穿着的三维立体形态下观察效果，整理形状，调整尺寸，并用划粉或水笔做好修改标示，然后经立体检验过的坯样再展开平面，按新的标记修正裁片缺陷，最后确定纸样。制作样衣是检验设计、结构是否合理的唯一标准，这个过程是一个循环的过程：结构生成样衣，样衣检验设计与结构，重新审视和调整设计与结构，制作新的样衣，不断重复直至设计师完全满意（图3-68）。

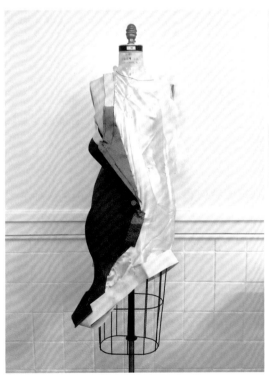
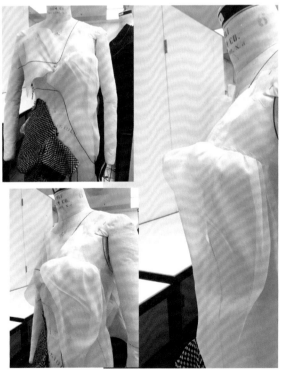

图3-68　制作替代料样衣

3.4 服装制作

当坯样满意，并重新调整纸样后，就可以用确认的面料制作服装（图3-69）。

图3-69　制作成品服装

以下是服装制作的大体过程：

（1）排料，将纸样放置于平铺的面料之上，根据面料的大小，合理有效地排列衣片并调整、对齐纸样与面料的经、纬纱向。

（2）裁剪衣片，用划粉或水笔在面料上勾勒出衣片的纸样，剪口、省道、口袋位等细节部位则透过纸样标记出来，裁剪衣片。

（3）准备辅料，贴边、衬布等都要与要粘贴的衣片相匹配，配置制作中所需要的辅料，如拉链、花边等。将准备好的材料与样衣、设计草图、参考图一并交给样衣工，并与其沟通，交代设计细节与需注意的事项。

（4）机缝服装，将裁好的衣片按照一定的顺序车缝在一起，组成完整的服装。

（5）整烫，将服装熨烫平整，并运用归、拔、推等一系列整烫技巧塑造服装立体造型。

（6）试衣修正，服装制作的最后一个环节，通过试穿找出服装各部分可能存在的问题加以修正，达到着装的最佳效果（图3-70）。在这里提醒一下，服装最终需要真人试穿，不能仅仅是在人台上试穿，真人穿衣服和行动时会呈现不一样的效果，检查是否需要调整，同时回顾下制作全过程，在保持效果不变的情况下尽量减少工艺复杂程度。

图3-70　完成制作，人台试衣

3.5 总体完善

在完成创意服装的系列设计后，仍需要进行最后的完善。要把思维的重心从细节构思转移到整体的把握上来，从整体的角度审视各个细节之间的关系是否和谐，包括恰当的造型、色彩材质和肌理的美感，精心处理的同一、参差、主次、层次以及平衡、对比、比例、节奏、韵律等审美关系，以及服装的整体搭配的节奏感，实现总体效果的完美性（图3-71至图3-73）。

以上介绍的只是创意服装设计的一般性过程，只要能获得理想的设计结果，过程可以是灵活的，可以因人而异、因习惯而异的，没有必要按部就班地进行。

3.6 展示

展示是服装系列设计完成后，将其展现给观众。这就需要探索各种不同的时尚展示形式，最终找到一种适合设计师设计理念及系列作品的最佳展示方式，呈现出服装作品最完美的视觉效果。从形式上看，服装的展示大体可以分为三类：动态展示、静态展示、画册展示。

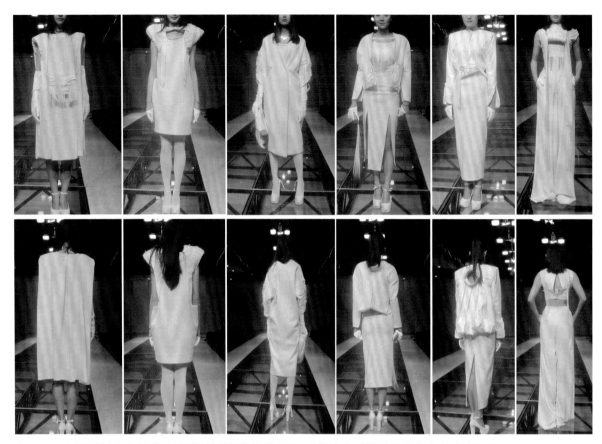

图3-71　以模特试衣的形式对系列服装进行整体的审视，便于细部的调节和整体节奏感的把握

图3-72　设计师在完成设计后将一系列服装摆放在一起，整体把握，检查服装间的和谐性与节奏感

图3-73　对服装细节进行总体完善和个别刻画

3.6.1 动态展示

以时装秀的形式进行展示，要结合设计理念选择合适的场地、模特、音乐、灯光及编排形式，并对整场展示秀过程进行有效的安排和计划。由于每套动态展示的服饰与观众的互动和它在舞台上停留的时间都仅有几分钟，所以动态展示一定要尽量让设计作品的视觉效果强烈而完美，同时呈现丰富的戏剧性（图3-74）。

图3-74 Gucci 2018年秋冬的T台变成手术室。淡绿的墙壁，惨白的手术灯，空气中似乎弥漫着刺鼻的福尔马林味，一排排擦干净泛黄的塑料椅，等待异化的病人，观众们不仅成为时尚的偷窥者，而且还观察到了一些令人毛骨悚然和亲密的东西，增加了手术室戏剧的感觉。每张手术台下面都安置着一个血红的PVC广场，这增加了人们的不安。同时，古典歌剧的配乐和氧气的声音，心脏监视器的崩溃和电话号码的疯狂拨号，加剧了这种不和谐的情绪。模特捧着自己的头颅翩然走过，让一众媒体惊呼"科幻"

3.6.2 静态展示

在静态展示中，要考虑展示的场地、道具、灯光及现场氛围（图3-75至图3-78）。

图3-75　趣味的"双生儿"款式，天然的白色棉布、幽静的竹林、与服装相符的艺术雕塑，整个静态展示呈现出纯朴、生态、文艺的氛围，完全衬托出服装传递的意念

图3-76　绚丽的红色礼服装，展出在厚重而粗糙的水泥房间，华与实，轻与重；黑色的模台与红色礼服的对比，吸引视觉的中心；悬挂着的灵动的红色舞者海报，让服装与艺术完美地融合

图3-77　除了在模台上展示，悬挂式的展示也是一种艺术氛围的诠释，大地色系的服装配上大地色系的背景，文艺感十足

图3-78 夸张的造型，让静态的陈列看起来诡异而又充满戏剧效果

3.6.3 画册展示

画册属于商业素材，更关注展示效果。选择模特、化妆师、摄影师，沟通非常重要，要事先表达自己的想法和设计理念。最有效、最直观的方法是搜集一些符合设计理念和希望呈现出的画面形式的视觉图片，包括妆容、动态、场景、拍摄手法等，作为参考资料，以便于交流沟通并能准确传递自己的想法（图3-79至图3-81）。在画册展示中，比展示产品更重要的是讲故事给所有消费者听。

图3-79　Iris Van Herpen使用虚幻缥缈的拍摄效果凸显服装的科技感和未来感，体现服装飘逸的质感

图3-80　Gucci 2019早春系列以"时尚人士的末日狂欢"为主题，精心地还原了法国南部城市阿尔勒早期的复古色彩，并且以夸张的艺术手法表现末日前髦人士的搭配及举动，颇具匠心

图3-81　"双生儿"将两张照片镜像合并为一张，个性的造型、怪异的姿态、中性的妆容，使其本已奇特的服装更具活力和节拍感

思 考 题

1. 创意服装设计流程的意义是什么？

2. 根据流行趋势，制作3张不同题材的概念板。要求：设计理念清晰，视觉效果强烈。纸张规格：27cm×38cm，彩色稿。

3. 找出自己最完整的一份设计作品，对照创意服装设计流程，重新审视，看看还缺少哪些环节，并重新思考，将作品完善。

4. 拟定一个主题，设计一系列创意服装（4～6套），要求设计新颖，富有原创性。纸张规格：27cm×38cm，彩色稿，制作概念板，提供面料小样以及平面款式图。

第4章 案例分析

案例分析1 Lutte Acharnée 激励斗争

设计师：Jiang Yuqi

蛇和猫将战斗到死。它们表现出高水平的能量、智慧和好奇心。这个系列的灵感来自巨蟒和狮身人面像的不同形状和纹理。它们是矛盾的，但有同等的力量。这是一场势均力敌的比赛，两个会变成一个直到最后。

图4-1 设计主题

图4-3 色彩概念板

图4-2 灵感来源

图4-4　系列设计效果图

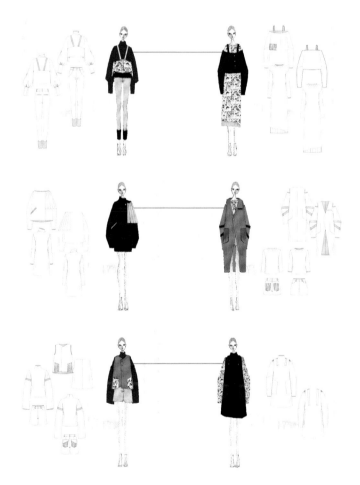

图4-5　服装款式图

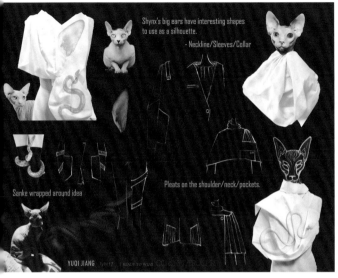

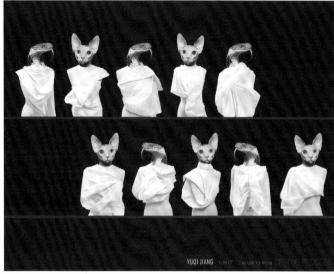

图4-6　设计实现：设计细节实验

图4-7　设计实现：立体裁剪

图4-8　时尚大片

案例分析2 中毒情绪

作者：吴可

图4-9 概念板

概念板：

人类没有第二条出路，要么在数字化的系统里被数字化，要么被系统抛离到边缘。中毒情绪已经是人们生活中不可或缺的一部分，而这种敏锐的情绪将会伴随人们体验着急速华丽的早晚。

色彩提案：

电脑一族在电脑中毒后，复古的情怀加重，并且参照中毒后独特的照片摆上诡异摩登的姿态，炭黑的机车夹克，与雾灰色、浅紫白的瘦身连衣裙搭配，配上炭灰色、肉色、灰紫、土耳其玉色的点缀色彩，分明是未来新新人类的女性形象的翻版。

图4-10 色彩提案

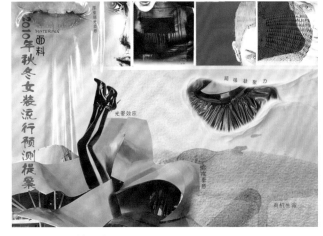

图4-11 面料提案

面料提案：

中毒后痛苦的表情，铁青的面孔，生命在垂死的边缘挣扎，泛着淡淡光晕的黑色化纤面料和皮革传递着这阴暗而诡异的气氛。

图4-12　廓形提案

廓形提案:

在未来充满科技轰鸣的电脑爆炸时代，一切的事物都是电脑的物化。犀利而夸张的建构感线条、简洁洗练的剪裁、3D立体的几何造型，都以一种超越的姿态，流露出前瞻的未来感。

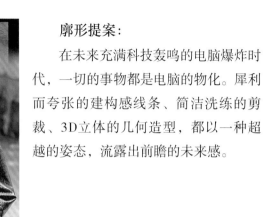

配饰提案:

微炫的银色摩登帽子、金属色泽的立体手袋、电路板改造的充满迷幻的电子光感项链，都传递着未来的气息，带人类共同走入未来主义乌托邦的情境。

图4-13　配饰提案

图4-14　妆容提案

妆容提案:

在未来电脑爆炸时代里，中毒的人类变得冷漠，一切都被合理地几何化、抽象化。从蒙德里安几何学的冷抽象中获取灵感，以浓郁的手绘，将抽象符号玄妙地利用点、线、面打造硬朗的冷艳妆容。

主题下的系列服装设计：

灵感源于电脑中毒后的一张图片，由此联想到未来人类的生活方式，沿着电脑信息大爆炸的线索探索未来。在浓烈的自然和技术混合的创新中，人类被高科技救赎，电脑频频中毒不再可怕，享受着中毒的人类在异度的四维空间里拥抱未来。数字化，电路板……无不冲击着我们的视觉情绪。系列设计选用质地较软的PVC胶和不同质地的皮质，重点强调膨胀的外轮廓和肩线的弧度。剪裁中运用大量的几何线条和清晰的曲线来重复身体的关键部位，塑造出具有垂感的曲线。

图4-15　主题下的系列服装设计

制作过程：

设计者不断地进行实验证实自己设计的可行性，并在过程中不断完善设计，以达到最终的造型效果。这种自己动手实际操作的方法，可以有效地帮助我们更快地掌握服装结构，完善设计理念，是一种值得推广和学习效仿的方法。

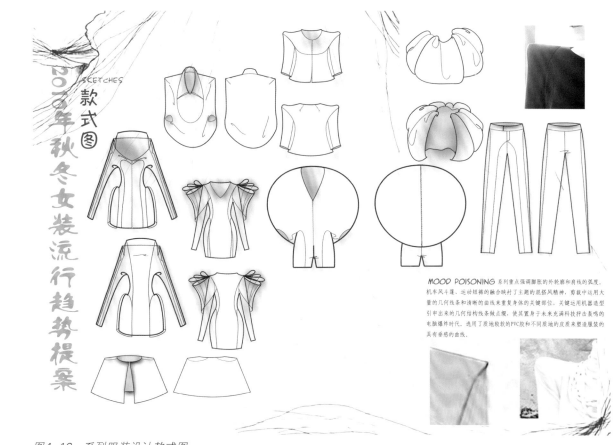

款式图

SCETCHES

2010年秋冬女装流行趋势提案

MOOD POISONING 系列重点强调膨胀的外轮廓和肩线的弧度。机车风斗篷、运动短裤的融合映衬了主题的混搭风精神，剪裁中运用大量的几何线条和清晰的曲线来重复身体的关键部位。关键运用机器造型引申出来的几何结构线条做点缀，使其置身于未来充满科技抨击麦鸣的电脑爆炸时代。选用了质地较软的PVC胶和不同质地的皮质来塑造服装的具有垂感的曲线。

图4-16　系列服装设计款式图

图4-17　制作过程及展示

案例分析3　轮回

作者：肖敏

概念板：

世界，似乎有点喧嚣。我们在思考什么，我们轮回的是什么，或许是怀念传统纯粹的美好，行于都市，与喧嚣保持距离，与内心为伍，时刻阅读自己，禅心禅意，清空安宁。

图4-18　概念板

色彩提案：

浓艳色彩渐渐淡去热潮，开始向往纯粹，向往那些最真实、最纯粹的感动。本白色是本季的热潮，如同倾听自己内心的声音，清晰而久远。人们的思绪开始停下脚步，静静冥想，静静回望。

图4-19　色彩提案

面料提案：

在快速时尚与科技感失重的情况下，人们开始思考，开始重拾起已经轮回的东西。在细节和面料方面，人们开始拾起令人温暖的手工艺和拾起对大自然的回归与思索，新一季的面料和细节将偏向于自然与传统工艺，用旧的手法做出新的感觉。

图4-20　面料提案

廓形提案：

极简是流行趋势所在，款式设计变得纯粹而简洁，廓形圆滑而硬挺，充满安静的力量，大廓形与精致而独到的剪裁是趋势的关键所在，整体服装变得简洁而纯粹，那种感觉是一种对过去与未来的探讨与融合。

图4-21　廓形提案

妆容提案：

受极简主义的影响，妆容也变得干劲而纯粹、温柔而细腻，淡淡的超自然妆容下亮色的玫紫色有着女性独特而柔软的女性特色，而配饰却与妆容撞击，方包、金属项圈、中性高跟鞋等都与妆容构成不和谐，这种不和谐被融合，最后轮回到一种独特的新视觉感受。

图4-22　妆容提案

主题下的系列服装设计：

该设计灵感源于树的年轮，轮轮回回，岁岁年年，岁月的足迹留下什么，如同人们对轮与回的思考，轮回的不仅是岁月的痕迹，更是一种心态上的变迁，宛如重生。系列设计中大量运用白发材质表达年轮这种时间带来的质感。设计中将大量白发与大的廓形相结合，意在表达一种现代东方的禅意风格，时尚中透着丝丝禅意，禅意中透着淡淡的静逸，让着装者如同年轮般，愈经历岁月的变迁愈散发出平和的淡雅气息。行于都市，却注意与喧嚣保持距离，与内心为伍，时刻阅读自己，禅心禅意，清空安宁，享受如同重生所给予的纯净力量。

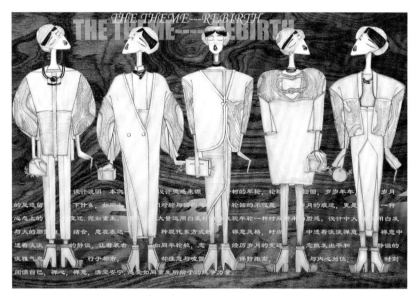

图4-23　主题下的系列服装设计

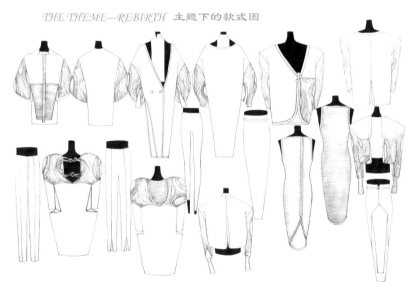

图4-24　款式图

设计师从整体出发，从服装与妆容、模特的动态与表情到拍摄的整体色调，都充分诠释出其设计理念，衬托出服装所传达的氛围。

图4-25　时尚大片

案例分析4　接触未来

作者：刘冲

概念板：

坐上时空穿梭机，遨游在浩瀚宇宙，穿梭于飞行物间，从前的仰望星空，到现在的触手可及，科技为我们打开一个崭新的世界，心跳不由地与科技脉动同步，人们开始膜拜高科技所带来的无与伦比的感官盛宴。

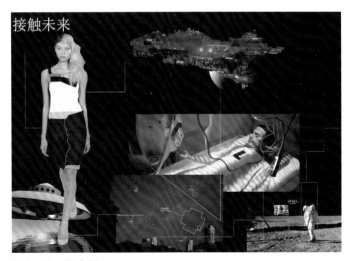

图4-26　概念板

主题下的系列服装设计:

系列设计概念的灵感来源于对未来科技的膜拜。设计以机器人和外太空飞行物为起点,设计者将搜集到的相关灵感图片粘贴在草稿薄上制成概念板,使设计理念逐渐清晰,然后展开草图的设计。这一系列设计以箱型造型为基本廓形原型,在这个基础上,设计者运用同形异构的设计方法,对面料与服装结构进行分割,并以科技的、工程的材质搭配明快的色彩打破直线条的冷峻,使系列服装整体融合,局部多变。

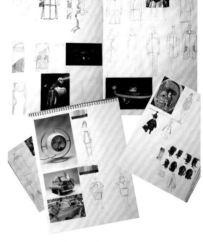

图4-27 色彩概念

图4-28 草图绘制

图4-29 主题下的系列服装设计

制作过程：

设计者不满足于纸上的设计构思，通过立裁的方式进行实验制作，来完善其设计。

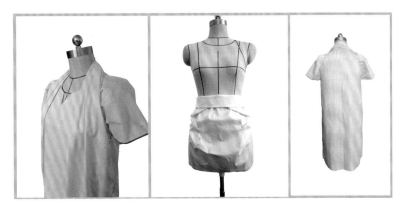

图4-30　制作过程

案例分析5　Cemeteries Are Fields of Flowers

作者：Léa Peckre

　　墓地，一个令人困惑的地方，无关乎宗教，无关乎死亡。墓地，古旧而混乱，似乎迷失在城市中。墓地、坟墓、森林、周遭的树木、铁艺图、爬行的植物、花圈、好似成为石头一部分的树根环绕着鲜艳的花朵，和城市的风景形成鲜明对比。

图4-31　灵感来源

系列设计运用厚实的面料——双面毛呢、天鹅绒编织一片接近木头的大地色系，从褐色到白色，从深黑色到裸粉和炭灰色。在厚实的面料上运用大量的亮片，堆砌亮片创造体积感，亮片的纹样组合木纹肌理，再现自然的外观和有机结构。同时通过纱质面料，形成鲜明对比。服装的结构借鉴坟墓与其装饰物的部分造型，搭配光泽透明的面料，若隐若现，形成对比，平衡着墓地周遭的一切。

图4-32　设计效果图

图4-33　设计细节

图4-34　Lookbook

案例分析6　Dong Myo: Back to 80's Seoul　回到80后首尔

设计师：Klara Jeongin Han

系列设计灵感来自韩国首尔的旧跳蚤市场"Dong Myo in Seoul"。这个市场仍然有20世纪80年代至90年代的感觉。在这里，现代的、高科技的和老旧的、自由的形成对比。系列设计将复古运动服饰，以现代时尚的审美情趣重新演绎，强烈的色彩对比生动而大胆，时尚而摩登。

图4-35　设计主题概念

图4-37　色彩与面料选择

图4-36　灵感摄取

图4-38 系列设计效果图

图4-39 系列设计款式图

图4-40 设计实现：立体裁剪

案例分析7　Tire

作者：张嫚

很多东西，稍不注意，就会产生裂痕。在裂痕面前，大家都失去自我，不知所措，内心过于浮躁却无处宣泄。服装作为人的一种外在表现形式，可以成为内心深处的另一个诉说者。裂痕纹样与面料的结合，在一定程度上从侧面更好地表达出生活中的负面情绪，在服装的袖型上融合非常具有东方韵味的水袖，将西方服装形制与东方韵味相结合，打造出一种东西方文化结合之美。

图4-41　设计作品效果图

图4-42　设计制作过程

图4-43 成品展示

图4-44 秀场展示

案例分析8　Eternally　永恒

作者：Yezi Zhou

　　设计师的主要目的是表达永恒不朽的美。以枯萎的干花为灵感，提取干花枯黄的颜色，穿插搭配邻近色，使服装层次丰富。同时运用抽褶手法展现若隐若现的茎叶，荷叶边的设计完美诠释了花瓣的不规则。现代女性犹如干花一般，无论时空如何转变、年华如何老去，但她永不凋零、永久保存，绽放她的美丽。

图4-45　主题概念

图4-46　色彩概念

图4-47 设计思维拓展

图4-48 系列设计效果图

图4-49　系列设计款式图

案例分析9　回到原点

作者：Lee

在哥伦布证明地球是圆形之前，一切都是矩形的。设计师设计灵感来自Pandora box（潘多拉盒子）。设计师以儿时玩具中的矩形机器人为原型，让我们回到原点，Anti Fast-fashion（反快时尚）赋予该系列服装盒型结构，女装躯干包裹在盒子里凸显服装的空间感，摩登优雅，直线条的剪裁也为女性形象加入一丝中性硬朗，蓝色与黄色的高对比尽显活力帅气的气息。

图4-50　主题概念

图4-51　灵感来源

图4-52　面料概念

图4-53　结构分割概念

图4-54　系列设计效果图

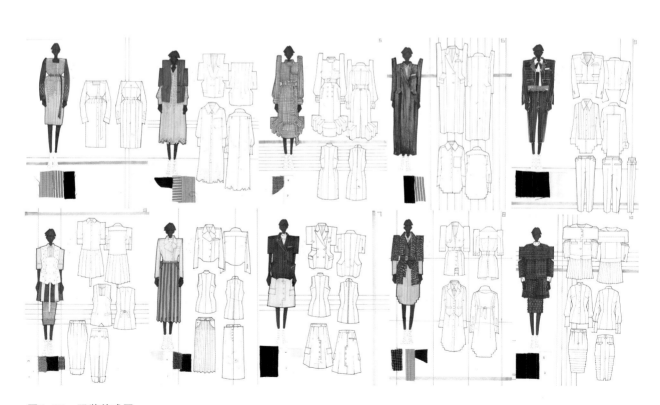

图4-55　服装款式图

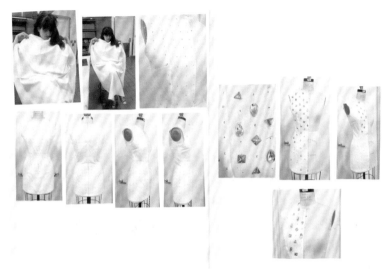

图4-56　立体裁剪

图4-57　款式细节完善

参考文献

[1]（英）罗伯特·利奇. 时装设计：灵感·调研·应用[M]. 张春娥，译. 北京：中国纺织出版社，2017.

[2]（英）苏·詹金·琼斯. 时装设计（第2版）[M]. 张翎，译. 北京：中国纺织出版社，2013.

[3] 袁燕. 时装设计：从创意到实践[M]. 北京：中国纺织出版社，2019.

[4]（英）凯瑟琳·麦凯维，（英）詹莱茵·玛斯罗. 时装设计：过程、创新与实践（第2版）[M]. 杜冰冰，译. 北京：中国纺织出版社，2014.

[5] 辛芳芳，朱晶晶，纪晓燕. 服装设计创意指南[M]. 上海：东华大学出版社，2015.

[6] 梁明玉，牟群. 创意服装设计学[M]. 重庆：西南师范大学出版社，2011.

[7]（英）杰奎琳·麦克阿瑟，（英）克莱尔·边克利. 时装设计元素：造型与风格[M]. 袁燕，秦伟，胡燕，译. 北京：中国纺织出版社，2013.